독서가
사교육을 이긴다

독서가 사교육을 이긴다

초 판 1쇄 2023년 04월 21일
초 판 3쇄 2023년 11월 23일

지은이 이미향
펴낸이 류종렬

펴낸곳 미다스북스
본부장 임종익
편집장 이다경
책임진행 김가영, 박유진, 윤가희, 이예나, 안채원, 김요섭

등록 2001년 3월 21일 제2001-000040호
주소 서울시 마포구 양화로 133 서교타워 711호
전화 02) 322-7802~3
팩스 02) 6007-1845
블로그 http://blog.naver.com/midasbooks
전자주소 midasbooks@hanmail.net
페이스북 https://www.facebook.com/midasbooks425
인스타그램 https://www.instagram/midasbooks

ⓒ이미향, 미다스북스 2023, *Printed in Korea*.

ISBN 979-11-6910-209-4 03590

값 **17,000원**

🔱 **미다스북스**는 다음세대에게 필요한 지혜와 교양을 생각합니다.

독서가
사교육을 이긴다

서울대 카이스트생 두 딸 엄마가 알려주는 독서 활용법

미디어숲

◆독서보다 좋은 공부법은 없다◆

저자 이미향은 자녀 교육에 대한 자신만의 철학과 방법론을 가지고 있는 독서 전도사다. 그런 그녀지만 대한민국에서 사교육의 유혹에 흔들리지 않고 독서로 딸들을 교육할 결심을 하기는 쉽지 않았을 것이다.

그녀는 '말과맘'이라는 닉네임을 사용한다. 별명처럼 그녀는 말과 마음을 똑같이 중요하게 여긴다. 이것과 저것 중에서 양자택일하지 않고 동시에 끌어안는 사람이다. 그녀는 독서와 입시의 모순을 하나로 품었다. 그녀는 독서의 유익함을 확신하고 초등학교 입학 전부터 딸들을 독서로 물들여 좋은 성적과 행복을 선사했다.

과연 독서는 좋은 성적으로 이어질 수 있을까? 독서는 전과목에 대한 선행학습이 자연스럽게 이루어지며 무엇보다 자기 주도적 습관을 만들

수 있기 때문에 입시에서 성공할 수 있다고 저자는 말한다. 그렇다. 모든 공부는 독학이다. 어릴 때부터 독서 습관을 만들면 공부를 스스로 하게 된다. 자발적인 행위는 그 자체가 놀이가 되며 그것만큼 동기 부여가 크고 성과가 좋은 방법은 없다.

다산 정약용은 『오학론五學論 2』에서 독서법을 다섯 단계로 설명했다. 좋은 책을 두루 읽는 박학(博學), 자세히 묻는 심문(審問), 깊이 생각하는 신사(愼思), 명백하게 분별하는 명변(明辯), 진실하고 성실한 마음으로 실천하는 독행(篤行)이 그것이다. 그렇다. 독서란 단순히 읽는 것에 그치지 않고 궁극적으로 행동으로 이어져야 한다. 그래야 좋은 인생을 살게 된다. 부모가 어릴 적 길러준 아이의 독서 습관이 대학 진학을 결정하고 삶의 질을 좌우한다. 진리는 이렇게 단순하다.

이 책은 사교육이 독서할 시간을 빼앗는 입시 위주의 경쟁적 환경에서 독서가 진정한 공부이며 모든 학습의 바탕이 된다는 사실을 명확하게 알려줌으로써 독서를 본래의 자리로 회복시켜준다. 동시에 독서로 성적도 올릴 수 있는 시기별 추천도서와 상황별, 과목별 독서 노하우를 제공한다. 이 책은 입시와 행복이라는 두 마리 토끼를 잡을 수 있는 현실적 지혜로 가득하다. 이것이 이 책의 차별적 매력이며 실용적 혜택이다.

나는 누구나 적극적으로 자신만의 콘텐츠를 창조하고 사람들과 공감하는 시대가 오고 있음을 감지한다. 독서는 창조와 공감의 시대에 꼭 필요한 사람을 만들 것이다. 적절한 타이밍에 시대의 변화에 부합하는 좋은 책이 출간되어 반갑기 그지없다. 나는 이 책의 추천사를 쓰게 되어 자랑스럽다.

오병곤,

더자기(The Self) 연구소 대표,

『스마트 라이팅(Smart Writing)』 저자

✦독서 교육에 용기를 내시는 부모님들에게
지팡이가 되기를✦

시간을 아끼고 행복을 부르는
최고의 공부법은 바로 독서다!

독서는 다재다능하다. 책을 읽을수록 자신을 더 긍정적으로 생각하게 된다. 아는 게 늘고, 상황에 맞게 문제를 해결하는 능력도 자란다. 다른 사람의 이야기를 통해 간접 경험도 축적할 수 있다. 책 한 권을 읽으면 생각이 달라진다. 나는 대학생 때 도서관에서 마음껏 책을 읽을 수 있어 무척 감사했었다. 그래서 대학 등록금은 도서관 이용료일지도 모른다고 생각했다. 그때 나는 독서의 힘에 매료되어 이런 결심을 했었다.

'엄마가 되면, 애들 교육은 독서로 해야겠어!'

그 후, 호주에서 영어교육학(TESOL) 석사 과정을 밟으며 영어 교육도 독서로 충분하다는 것을 확신했다. 내게는 우리나라 영어 교육으로 영문학 전공까지 10년 이상을 공부한 것보다 단 1년 원서를 읽은 것이 훨씬 더 효과가 있었다. 그저 읽고 싶은 책을 읽는 것만으로도 고급스럽기까지 한 영어를 할 수 있는데, 왜 그렇게 어렵게 공부했을까? 들인 노력에 비해 초라한 결과를 보고 있자니, 지난 시간이 아까웠다.

결혼 후, 두 아이를 낳고 나는 독서로 교육할 마음을 다졌다. 그런데 우리나라 독서교육은 이상했다. 부모들은 자녀가 다독하길 바라는데, 실제로 다독하는 아이들이 많지 않았다. 온 세상이 칭찬하는 독서를 왜 가정과 학교에서 실천하지 못할까? 나는 우리나라도 성장했으니 다른 교육 선진국들처럼 독서가 학교 수업 안으로 들어올 것이라 기대했다. 하지만 현실은 달랐다. 독서하지 않을 뿐 아니라 독서할 시간마저 빼앗았다. 첫 아이가 초등학교에 입학하기 전, 목동 근처로 이사를 하면서 독서할 시간을 빼앗는 것이 사교육이라는 사실을 나는 알았다.

아이들은 초등학생만 되어도 영어, 수학 학원 정도는 다닌다. 이 두 가지 학원만 다녀도 아이들의 하루는 분주하다. 학교를 다녀와서 학원에 가고, 저녁에는 숙제를 한다. 사교육이 어디 수학과 영어뿐인가? 독서 논술, 태권도, 피아노, 바이올린, 미술, 스피치, 원어민 회화, 영어 책읽기, 한자 등 좋은 혜택을 제공하는 프로그램은 끝이 없다. 이 중에서 아이가 원하는 활동을 한두 가지만 추가해도 아이들은 가족과 단란한 시간을 가지기 어렵다. 독서할 시간은 저절로 사라진다. '소탐대실'이라는 말이 딱 들어맞는다.

내가 아이들을 독서로 이끌면서 가장 힘들었던 점은 '지금 잘 하고 있는 걸까?'에 대한 시원한 대답이 없다는 사실이었다. 학원에서는 다양한 자료를 제시한다. 입시 통계 자료를 수치로 보여주면서 부모를 설득한다. 이미 열심히 달리고 있는 동급생들의 선행 정도와 성취도를 공개한다. 학원 설명회를 갈 때마다 얻는 정보보다 생기는 조바심이 더 컸다. 부모들은 아이가 독서로 공부하면 좋겠다는 바람이 있었다. 하지만 내 아이만 뒤처질 것 같다는 초조함이 생기니 하나 둘 학원의 부름에 응답했다.

그러나 나는 공부하는 방법으로 독서만 한 것이 없다고 믿었기에, 설사 독서가 사교육보다 돈이 더 든다 해도 하고 싶었다. 그런데 독서는 저렴하기까지 했다. 독서에 빠지면 마음이 즐겁고 편안하며, 삶에 필요한 다양한 능력도 쌓인다.

이제 대학생이 된 두 딸들은 느긋하게 독서로 공부할 수 있는 환경을 만들어 준 엄마에게 고맙다고 말한다. 다독이 아니었으면 매일 학원을 다녔을 것이고, 빨리 지쳤을 것이라며. 나는 독서의 힘을 굳게 믿었으면서도 아이들을 키우면서 순간순간 불안해져 몇 번이나 사교육을 시켰었다. 그때는 그게 좋아보였는데, 시간이 지나고 보니 꼭 필요한 건 아니었다. 입시 제도를 지금처럼 잘 아는 상태에서 다시 예전으로 돌아간다면 독서를 더 알차게 이용할 것이다. 이런 진심이 글 속에서 잘 전달되길 기도한다.

이 책을 통해 말하고 싶은 핵심 메시지는 계획성 있는 다독을 통해 공부와 행복 두 마리 토끼를 모두 잡을 수 있다는 것이다. 학원에 가지 말자는 것이 아니다. 독서로 아이 공부를 이끌고 싶은 부모들에게 독서로도 충분히 좋은 대학에 갈 수 있다는 확신을 주고 싶다. 두 딸과 함께 직접 실천한 독서 방법, 그리고 지난 15년간 지도했던 아이들과의 독서 경험을 공개한다. 시간을 아끼고 행복을 부르는 최고의 공부법, 그것은 바로 독서이다.

다독으로 공부와 행복 두 마리 토끼를 모두 잡아라

독서로 아이 공부를 이끌고 싶은가? 중요한 것은 독서로 사교육을 대신하려면 아이가 초등학교에 들어가기 전까지 '책이 좋다'는 걸 제대로 알아야 한다는 점이다. 독서 습관이 굳건히 자리 잡지 않으면 사교육이 먼저 아이들의 자유 시간을 차지한다. 또한 앞으로 학교에서 배울 과목과 연결지어 계획적으로 다독하면 효과를 높일 수 있다. 책은 아이들이 좋아하는 이야기 형식으로 지식을 녹여서 재밌게 전달한다. 이야기에 빠져 즐기는 사이 과목의 핵심 사항이 뇌 속에 자리를 잡는다. 예를 들어 초등학교 5학년에 한국사를 교과서로 배우면 어렵고 지루할 수 있다. 4학년 겨울 방학이 끝나기 전에 한국사 만화책이나 쉬운 한국사 책을 가볍게 읽게 하자. 그 전에 역사 애니메이션이나 역사 영화, TV 역사 드라마를 함께 시청해서 흥미를 돋궈두면 더 자연스럽게 도움이 된다. 독서가 시험 점수에 정말 도움이 되는지를 수치로 확인하고 싶다면 인터넷이나 학교 홈페이지에서 기출문제를 구해 미리 체크해볼 수 있다. 시험 전에 점수를 미리 예측할 수 있는 비법이다.

독서로 바쁘지 않게 하루하루를 보내며 공부와 행복 두 마리 토끼를 잡을 수 있다. 그러나 독서가 아무리 좋은 공부법이어도 아이가 독서를 싫어하면 무슨 소용이겠는가? 독서 교육의 가장 중요한 첫 단추는 아이들이 책을 좋아할 수 있는 환경을 갖추는 일이다. 그렇게 하루 일정시간 독서에 빠질 수만 있다면, 그저 재밌어서 읽었을 뿐인 독서가 실력이 된다. 게다가 독서가 보장해주는 수치화 되지 않는 영역(지혜, 인성, 문제 해결력, 사고력, 논리력 등)까지 고려한다면 독서야말로 놓쳐서는 안 될 최고의 공부법이다.

독서교육은 가정과 학교에서 동시에 이루어져야!

전 세계 인구의 0.2%도 안 되는 유대인이 노벨상의 30%를 차지하는 이유는 무엇일까? 하버드대학의 학생과 교수 30% 이상이 왜 늘 유대인일까? 스티브 잡스, 빌 게이츠, 마크 저커버그, 아인슈타인, 스티븐 스필버그, 록펠러 등 우리가 아는 현대 위인의 대다수가 유대인이라는 사실이 신기했다. 유대인은 다른 국민보다 지능이 월등하게 더 좋아서 위대한 성과를 내는 걸까? 지능이라면 우리나라도 유대인에 뒤지지 않으니 지능의 문제는 아니다. 문제는 교육이다. 유대인 교육의 핵심은 독서와 토론이다. 교육 시스템의 차이가 결과의 차이를 만든다.

또한 우리가 부러워하는 교육 선진국들은 가정에서 독서의 불씨를 키운다. 가정에서 부모가 독서하는 모범을 보인다. 더불어 학교에서 독서의 체계를 잡아준다면 아이의 독서습관은 자연스럽게 잡힐 것이다. 우리나라의 낮은 독서율을 개인의 탓으로 돌리기에는 무리가 있다. 국가에서 독서를 키우지 못하고 있는 것이다. 독서와 토론이 가능한 교육이 된다면, 정답을 찾는 공부가 아니라 각자의 생각이 정답인 사회가 될 것이다. 독서와 토론을 하는 사회에서 사교육은 번창할 동력이 없다.

대한민국의 현실에서는 갈수록 사교육의 힘이 커지고, 그만큼 공교육의 권위는 떨어진다. 그러나 내막을 잘 들여다보면 학교도 학생도 학부모도 사교육이 번창하길 원한 적은 없다. 잦은 입시제도의 변경으로 빅데이터를 보는 힘을 사교육에 줘버린 학교는 힘을 잃었다. 상담도 진로지도도 정보 없이는 힘을 낼 수 없다. 아이들이 모두 함께 사교육에서 벗어나는 길은 학교 교육이 독서 중심으로 탈바꿈하는 것이다. 교사와 학생이 함께 혹은 따로 책을 읽을 수 있는 교실 환경을 만들어 독서 중심의 활동을 하는 것이다. 우리가 부러워하는 다른 교육 선진국들처럼 말이다.

국가 차원에서 독서를 학교 속으로 들이고, 문화 차원에서 부모들이 독서 문화를 이루면 얼마나 좋을까? 학교가 주최하는 독서는 개인 차원의 노력보다 큰 힘이 있다. 부모가 아이마다 다른 취향을 고려하여 읽을 책을 갖춰주는 일은 많은 노력이 필요하다. 독서로도 사교육처럼 시험 점수를 잘 받을 수 있다는 것을 객관적으로 확신하려면 복잡한 교육 제도를 제대로 알아야 하는데 그것이 쉽지 않았다. 학교 수업시간에 같은 책을 읽고 토론하고, 글을 쓰고, 각자 원하는 책을 읽고 발표도 준비하는 식의 독서 중심 공부가 AI 시대에 필요한 창의성을 키워줄 것이다.

비록 주입식이었다는 한계는 있었지만, 우리나라의 교육열은 지난 수

십년간 선진국이 이미 이룬 기술을 빠르게 따라잡도록 하는 데 큰 역할을 했다. 앞으로는 창의력이 중요해지는 AI 시대다. 손가락만 움직이면 네이버와 다음, 얼마 전 등장한 챗GPT까지 활용해 즉각 원하는 정보를 얻을 수 있다. 이런 정보들을 암기하느라 아까운 청춘을 바쳐서는 안된다. 우리나라가 세계에서 리더십을 발휘하려면 한글로 독서하고 토론하며, 영어로 독서하고 토론하는 학교로 탈바꿈되어야 한다.

챗GPT에게 한국 교육의 문제점을 물었더니 '과도한 공부 부담, 상위권을 차지하기 위한 과도한 경쟁, 창의력과 개성의 부재'라고 답해 주었다. 반박할 내용이 없었다. 영어로 물어도 같은 답변이었다. 세계 모든 사람들이 누구나 그렇게 생각하고 있다는 듯이. 사교육은 가까이에서 보면 개인에게 비교 이익을 주는 것처럼 보이지만, 거리를 두고 객관적으로 보면 모두에게 과도한 경쟁과 압력을 주는 시스템이다. 엄청난 수의 레밍쥐들이 집단으로 달려가다가 멈추지 못하고 낭떠러지로 추락해서 죽는 장면을 시청하면서 무척 안타까웠다. 우리 교육도 레밍쥐처럼 함께 죽는 곳으로 달려가고 있는 것은 아닐까?

'모든 아이들은 독서를 좋아할 수 있는 잠재력이 있다.'

이 책은 독서로 즐겁게 어린 시절을 보내고, 서울대와 카이스트에 합격한 두 딸의 독서기록이다.

20여 년간 나는 우리나라 교육의 수요자로서 아이들이 공교육과 사교육으로 꽉 찬 하루를 지내는 현장을 지켜보았다. 엄마들은 누구나 초보이다. 가장 사랑하는 자녀를 위해 밤낮으로 애써서 진행하는 일들이 결국 아이에게 꼭 좋은 것이 아닐 때 부모의 마음은 무너진다. 그런 의미에서, 요즘 우리나라에서 자녀를 키우는 부모들은 우리가 어렸던 시절과는 비교할 수 없을 정도로 버거운 역할을 수행하고 있다.

사랑하기에도 바쁜, 그 짧고 귀한 시간을 남과 경쟁하느라 허비한다. 미래의 행복을 위해 오늘의 행복을 포기하는 습관은 인생 전체를 우울하게 만든다. 부모들이 독서에 기대어 더 편안한 마음으로 어린 자녀들과의 시간을 즐길 수 있으면 좋겠다.

이 책이 독서로 아이 교육을 해보고자 용기를 내시는 부모님들에게 지팡이가 되길 진심으로 바란다.

목차

제1장

독서는
어떻게
사교육을
이기는가?

바둑 규칙을 모르고 게임에서 이길 수 있을까? '연습을 많이 하다 보면 규칙을 알게 되겠지.'라고 말해도 틀린 것은 아니지만, 필승 전략은 아니다. 시간도 오래 걸리고 빨리 지칠 수 있다. 바둑에서 이기려면 규칙을 정확히 인식하고, 무수한 경우의 수 중에서 유리한 경로를 신속하고 정확하게 잘 찾아야 한다. 우리나라 입시도 경우의 수가 많기는 바둑과 같다. 아이 교육을 시작하기 전에 입시 정책과 교육 환경을 정확히 파악해야 한다. 그런 다음 독서 전략을 짜면 어렵지 않게 독서로 실력을 쌓을 수 있다.

◆ 입시의 80%는 독서로 완성된다 ◆

독서로 1만 시간의 법칙을 실현하라

　지능이 높으면 공부에 유리하다. 하지만 이것이 공식은 아니다. 상위 1% 그룹의 성공과 부의 비밀을 밝힌 세계적인 경영사상가 말콤 글래드웰은 그의 저서 『아웃라이어』에서 우리가 막연히 알고 있는 성공의 공식을 다시 해석했다. 그는 가장 머리가 좋고 영리한 사람이 정상에 오르는 것은 아니라고 했다. 성공은 개인의 노력이나 재능만의 문제라기보다 출생한 달, 사회적 배경, 문화적 배경, 가정 환경 등 다양한 요인의 영향을 받는다고 말했다.

공부를 잘하게 만드는 요인은 다양한데, 그중 중요한 것이 자신감이다. 한 엄마가 학원장에게 어떻게 하면 아이가 공부를 잘하냐고 질문했더니, 첫 시험을 잘 보게 하라는 답변을 해서 모두가 웃었던 기억이 있다. 웃으면서도 일리가 있는 말이라 생각했다. 처음 시험에서 자신감을 얻은 아이는 더 잘하고 싶은 의지를 갖게 될 것이기 때문이다. 공부도 자신감 게임이다. 아이에게 독서 습관을 일찍 잘 잡도록 도와준다면, 처음부터 공부를 잘하는 아이로 인정받으면서 자신감 있게 출발할 수 있다.

그밖에도 공부를 잘하려면 노력이 필요하다. 『아웃라이어』에서는 성공의 또 다른 공식으로 '1만 시간의 법칙'을 제시한다. 어떠한 분야든 뛰어난 성과를 나타내기 위해서는 최소 1만 시간을 수련해야 한다는 의미이다.

공부 성취를 높이는 가장 훌륭한 가정 환경은 독서 환경이다. 독서 환경은 후천적으로 재능과 자신감, 노력하는 동기를 키우는 유리한 요인으로 작용한다. 우리 집 두 아이들은 하루 2시간 이상 매일 책을 읽었다. 처음에는 부모가 읽어주는 독서로 시작했고, 중학교를 졸업할 때까지 어림잡아도 1만 시간 이상 책을 읽었다. 보통의 아이가 매일 이렇게 꾸준한 독서를 한다면, 수학 이외의 공부에서 큰 걸림돌이 생기지 않는다. 물론 독서만 하면 시험 점수가 저절로 나온다는 이야기는 아니다.

독서량이 증가할수록 어휘력과 배경지식이 쌓인다. 독서가 공부에서 자신감을 주는 이유는 초중고 자기 학년 교과서를 쉽게 이해할 수 있게 하기 때문이다. 어휘는 익숙하고, 어딘가에서 읽었던 내용이 대부분인 것처럼 느껴진다. 교과서는 딱딱한 용어로 설명하지만, 아이 머릿속에는 책에서 읽었던 재밌는 이야기가 떠오른다. 자기 학년 교과서보다 높은 어휘력이 담긴 책을 하루 2시간 이상씩 읽는다는 것은 매일 자기 학년 교과서를 한 권 이상 읽는 것과 같다. 유치원 때까지 부모가 꾸준히 읽어준 책은 아이가 초등학교 1학년 학습을 수월하게 하는 밑바탕이 된다.

독서가 주는 선물 ①
독서로 얻은 어휘력은 교과서 수준을 뛰어 넘는다

독서는 사전을 찾지 않고도 단어의 뜻을 유추할 수 있게 한다. 책의 단계별로 비슷한 수준의 어휘를 반복하고, 상황을 구체적인 그림으로 보여주기 때문이다. 독서 수준이 올라갈수록 그림의 양은 줄고, 글밥이 늘어난다. 초등학교 입학 전 6개월 이상 매일 독서를 1시간씩 지속했다면, 아이가 초등학교 1학년 교과서에 나오는 단어를 어렵다고 생각하지 않을 것이다. 예를 들어 설명해 보자.

유치원 무렵 딸들에게 매일 책을 읽어 주었다. 그중 기억나는 것은 『성냥팔이 소녀』라는 동화책이다.

"가여운 아이는 배고픔과 추위로 옴짝달싹도 못했어요."
"따뜻한 난로와 풍성한 식탁, 아름다운 크리스마스트리와 포근한 할머니 품이 남긴 아이의 마지막 행복…."
"그때 반짝이던 별 하나가 휘익 긴 꼬리를 그리며 별똥별이 되어 떨어졌어요."

『성냥팔이 소녀』에는 초등 1학년 교과서에 나오는 단어보다 수준이 높은 단어들이 등장한다. 이 책을 여러 번 듣거나 읽었다면 '가엽다', '옴짝달싹', '풍성하다', '포근하다', '별똥별'과 같은 단어에 익숙해진다. 뜻을 알려주지 않아도 이야기의 흐름 속에서 자연스레 단어의 뜻을 알 수 있다. 여러 번 읽어도 모른다면 설명해줘도 된다. 나는 아이들에게 이런 책을 매일 몇 권씩 읽어주곤 했다. 혼자 읽기를 할 줄 알게 된 이후로는 하루 2시간 이상 책을 읽은 적도 많다. 독서 수준이 올라갈수록 내용도 복잡해지기 때문에 긴장감을 놓치지 않기 위해 책에 더 빠져드는 경향이 생긴다. 초등 고학년 이상의 어휘 수준을 어려워하지 않았다. 아이의 어휘력은 이제 실력으로 변한다.

 초등학교 1학년은 국어 교과서에서 무엇을 배울까? 1학년 1학기 국어 교과서의 대부분은 한글의 글자를 익히는 활동이다. 학년이 올라가면서 국어 교과서에는 이야기, 설명글, 주장글 등이 실린다. 영유아기를 지나면서 부모가 동화책을 꾸준히 읽어주었거나, 스스로 독서를 한 아이라면 초등학교 국어 교과서는 매우 쉽다. 엄마 아빠랑 살을 부비며 행복하게 책을 읽었을 뿐인데, 초등 1학년 수업이나 시험에 대한 이해력이 좋으니 일석이조다. 담임선생님의 말씀과 지시사항을 놓치지 않고 잘 이해하여, 선생님의 눈에 띄고 칭찬을 받는다. 칭찬받은 아이는 자신감이 생겨 더 잘하고 싶은 마음을 갖게 된다. 긍정적인 내적 동기가 생기면 공부를 잘하고 싶은 쪽으로 선순환이 시작된다.

큰아이가 초등학교 3학년 때의 일이다. 담임선생님은 수업시간에 짝과 팀을 지어 가로세로 낱말풀이 게임을 하셨다. 모든 낱말을 다 채운 건 큰아이의 팀뿐이었다. 선생님은 "이거 어떻게 다 풀었니? '나이 어린 임금을 도와서 국사를 돌보는 일'을 뭐라고 하는지 알아?"라고 물으셨다. 수줍은 딸을 대신하여 짝은 "수렴청정이요!"라고 자신 있게 말했다. 한참이 지나 그날 이야기를 큰아이 친구를 통해 전해 들었다. '수렴첨정'인지 '수렴청정'인지 헷갈려서 나도 애매하게 알던 단어였다.

"어려운 한자어를 어떻게 알았어?"
"그거요. 〈마법천자문〉에 나와요."

딸들은 〈마법천자문〉을 보고 또 봤었다. 볼 때마다 재밌는지 키득거렸었다. 두 딸들은 이 책의 표지에 나온 그림보다 더 정답게 모여 앉아서 각자 읽은 책 얘기를 주거니 받거니 했다. 편안하고 즐거운 독서는 풍성한 어휘력을 남겨주었다. 큰아이가 내성적이라 말수는 적었지만, 가끔씩 그렇게 실력을 인정받아 자존감도 높아졌다.

독서가 주는 선물 ②
어려운 한자, 책 속에서 저절로 알게 된다!

우리말의 70% 이상 단어가 한자로 구성되어 있다. 한자를 알아두면 독해력 향상에 도움이 된다. 중고등학교로 올라갈수록 아이들은 교과서가 어렵다고 말한다. 순수 우리말 단어보다 한자로 이뤄진 단어가 점점 더 많이 사용되기 때문이다. 예를 들어 우리말 문법에서 사용하는 '구개음화', '두음법칙'과 같은 단어는 한자로 이루어진 용어다. 한자로 구성된 단어의 뜻은 단번에 제대로 인식하기 어렵다. 그러나 다독으로 어휘력이 좋아지면 한자의 뜻을 저절로 알게 된다. 낯선 어휘를 만났을 때 추측하는 능력이 좋아지기 때문이다. 한자로 구성된 단어에 어떤 한자가 들어있는지 각 글자의 음과 훈을 익혀 두면, 어휘의 뜻이 오래도록 기억되는 장점이 있다.

사실 꼭 한자를 따로 공부하지 않더라도 다독만으로 어휘력을 기하급
수적으로 늘릴 수 있다. 그러나 여기에 한자를 추가로 익힌다면 새로운
어휘에 당황하지 않고 대강의 의미를 미리 파악하는 여유를 가질 수 있
다. 그러나 한자능력시험 급수 등의 성과를 강조하지 않는 것이 좋다. 규
칙적으로 한자 학습지를 이용할 수도 있고, 한자나 사자성어 카드로 놀
이를 하는 등 각자의 상황에 맞추어 조금씩 익히면 이후 모든 과목 공부
의 발판이 된다. 그리고 다독하면 한자를 따로 배울 필요가 없어지기도
한다. 초중등 때 아이가 학원에 다니기 싫어한다면 모든 것을 편안하게
내려놓고 독서만 할 수 있도록 장려해보자. 스스로 생각하는 힘이 쑥쑥
자란다. 상황과 사람에 대한 이해력이 높아진다.

둘째가 초등학교 저학년에 다닐 때였다. 오랜 경력을 지니신 담임선생
님은 한자를 중시하셨다. 한자를 많이 알면 공부를 잘하게 되더라는 경
험을 통한 믿음이 있으셨다. 아침 자습시간마다 아이들은 고사리 같은
손으로 한자를 썼다. 숙제로 집에서 한자를 복습했다.

매일 한자 숙제가 나오니 한자 때문에 괴로움을 겪는 아이들이 있었
다. 좋은 것들을 고르고 골라 주었는데도 결과가 좋지 않다면 아이의 버
거움과 지친 마음을 잊었기 때문일 것이다. 사람이 마치 제품을 찍어내
는 기계인 듯 활동과 활동 사이에 충분한 휴식이 보장되지 않을 때 아이

들은 일찍부터 지친다. 아이들이 성찰 후에 한자를 공부하겠다고 자발적으로 말한 것이 아니라, 어른들이 경험상 좋을 것 같아 시킨 것이다. 이미 다니고 있는 학원들을 정리하지 못하고 한자 숙제까지 병행하려니 얼마나 힘들어 하던지, 안타까웠다. 수학과 영어보다 한자를 중시하기는 어려웠을 것이다.

둘째도 당시 수학 주 1회, 과학 주 1회 학원에 다니고 있었다. 다만, 숙제가 없는 학원이어서 한자 학습을 충실히 하기에 시간은 충분했다. 독서라는 든든한 빽이 있었기에, 공교육만 의무로 생각하고 사교육은 추가 활동이니 생략해도 된다고 생각했다. 둘째 아이는 한자가 그림 같기도 하고, 두 개의 단어가 합쳐져서 덧셈처럼 새로운 뜻이 되는 게 재밌다고 했다. 책을 읽다가 한자로 된 낱말이 나오면 어떤 한자가 사용되었는지 추측해 보기도 했다. 아이는 즐겁게 한자를 공부하며 큰 성취감을 느꼈다. 선생님의 칭찬이 춤추게 할 나이였다.

그때까지 첫째는 한자를 공부한 적이 없었다. 둘째가 한자를 익히며 우리말 이해력이 쑥쑥 높아지는 것을 보면서 초등 고학년이던 첫째에게도 기회를 주고 싶었다. 동생이 사용하던 한자 교재를 한 부 더 구입했다. 동생이 한자 숙제를 하는 동안 언니도 함께 앉아서 한자를 익혔다. 동생이 더 많은 한자를 안다는 사실이 언니에게 부담이 되지 않게 했다.

형제자매 사이 우애가 좋으려면 차이가 차별이 되지 않게 부모가 신경 써야 한다. 한자는 익히지 않아도 되고, 중학교 때 익혀도 되는 선택 사항이다. 그러나 우리 아이들의 경우에는 여유 시간이 많은 초등학교 때 익혀두었기 때문에 이후 언어능력 향상에 큰 영향을 주었다.

독서가 주는 선물 ③
풍성해진 배경지식은 이해력이 된다

독서는 팔방미인이다. 다독으로 어휘력이 좋아지는 것은 기본일 뿐이다. 책에서 습득한 깨알지식은 모여 점점 풍성한 배경지식이 된다. 배경지식은 이해력을 높여 준다. 어떤 이야기가 펼쳐져도 어디선가 봤었던 내용이라는 생각이 든다. 경험이 없어도 미리 문제를 예측하거나 제대로 인식하고 해결하는 능력을 갖게 한다. 다양한 영역에서 읽었기 때문에 내용 사이에 융합이 이루어져서 새로운 아이디어를 만들어 내기가 편하다. AI 시대에 요구되는 창의성은 독서를 통해 얻은 풍부한 배경지식이 결합되어 저절로 생길 것이다.

둘째 아이가 초3 때, 학교 대표로 교육청 수학영재에 선발되었다. 담당 선생님은 아이가 작성한 사고력 수학 문제의 답안이 아주 창의적이었다고 말씀하셨다. 대략 기억하는 시험 문제 중 하나는 다음과 같다.

"서울시에 있는 미용사의 수를 예상하시오!"

정답보다는 문제를 해결하는 방법과 과정을 관찰하는 문제였다. 아이는 답안에서 "서울시 인구를 50만 명, 한 사람이 두 달에 한 번씩 미용실에 간다고 가정하면 1년에 6번씩, 1년에 총 300만 건의 미용 행위가 발생한다…"는 식으로 서술했다고 한다. 서울시 인구가 50만이라 말하는 것이 귀여웠고, 논리적으로 추론하는 방식이 창의적이었다. 영재 선발에 가장 큰 도움을 준 것은 독서였다. 아이는 언니와 수학 도서를 읽고 대화도 하고, 사고력 문제, 추론 문제를 푸는 것을 즐겼다.

다독은 말을 조리 있게 하는 언변을 키운다. 내성적인 아이라면 조리 있게 들을 수는 있다. 둘째 아이는 수학 영재로 선발된 이후 매년 영재원에 다녔다. 5학년 때 대학 과학 영재원 선발 면접에서 스팀 교육(STEAM, 융합교육)에 대한 지원자의 의견을 묻는 질문을 받았다. 작은 아이는 "최근 들어 스팀 교육이 대세인데, 그 이유는…" 하면서 답변을 했다. 초등 어린이가 '대세'라는 단어를 자연스럽게 말 속에 사용하니 교수님들은 기특하셨던 모양이다. "아, 그래? 요즘 스팀이 대세야?"하시면서 세 분의 면접관 교수님 모두 껄껄 웃으셨다고 했다. 면접은 통과였다. 아이의 말대로, 스팀이 대세였기 때문에 스팀에 대한 책을 읽었고, 스팀 관련 활동도 참여했었다. 그래서 둘째 아이에게는 스팀이라는 말이 낯설지 않았기에, 그런 대답을 할 수 있었던 것이다. 또한 이런 대회나 시험에서 문제의 답을 어떻게 알게 되었냐는 질문을 받으면, 아이는 당시 구독하던 만화잡지 〈어린이 과학동아〉에서 본 적이 있다는 답변을 여러 번했다.

나는 독서로 아이들 학습의 80% 정도는 충분히 달성할 수 있을 것이라 예상했다. 처음부터 독서를 계획성 있게 진행할 것이라는 전제였다. 60%냐 70%냐 80%냐 정확한 숫자가 중요한 것은 아니다. 다독을 통해 시험범위의 상당 부분이 이미 지식으로 저장된 상태를 만들었다는 것이 중요하다. 경영학 이론인 파레토 법칙에 따르면, '성과의 80%는 20%의 집중한 시간에서 나온다.'고 한다. 즉, 매일 1~2시간 이상 꾸준히 책을 읽으면 각종 시험 범위의 80%를 이미 이해하고 있게 된다는 나의 어림이었다. 독서의 분량과 품질에 따라 50%가 될 수도 90%가 될 수도 있으니 숫자에 연연하지 않아도 된다. 두 딸의 독서 습관은 모든 과목에서 선행 학습 역할을 톡톡히 했다. 시험에 출제되는 내용이 전에 어느 책에선가 재밌게 읽었던 내용이라면 어떨까? 시험 준비 기간은 상당히 단축된다.

독서로 획득되지 않는 나머지 20%는 무엇을 의미할까? 가장 대표적으로 수학 문제집을 직접 손으로 풀어보는 일이 해당된다. 우리나라 교육에서 수학 시험은 제한된 시간 내에 빨리 많은 문제의 정답을 얻어내야 한다. 따라서 기출문제나 예상문제를 통해 문제 유형에 익숙해지는 과정이 필요하다. 수학 문제 풀이 연습은 다른 과목에 비해 시간이 많이 걸린다. 독서로 많은 지식을 쌓았다 하더라도 과목별 기출 문제 풀이를 통해 학교 선생님들이 의도한 답변을 얻어내는 데 적응해야 한다. 그렇지 않으면 답안 작성시 실수하여 감점을 받을 수 있다. 중요한 시험일수록 준비에 드는 시간이 길어진다. 아주 작은 차이로 등급이 갈리고 대학 수준을 좌우하는 수학 시험이기에 좋은 점수를 얻기 위한 준비는 필수다.

2

◆입시 정책을 알고 짠 독서 전략은 다르다◆

'엄마의 정보력', '입시는 전략이다'라는 말은 우리나라 입시제도가 얼마나 복잡한지를 잘 반영한 슬로건이다. 독서는 삶을 즐기는 취미가 될수 있을 뿐만 아니라, 아이의 공부 측면에서도 사교육 이상의 결과를 낼수 있다. 입시 제도를 잘 연구하여 어느 분야의 독서를 더 하는 것이 이로울 것인지를 짐작하면서 독서의 방향을 조금씩 조절해야 한다. 시험과 입시를 독서의 이정표로 삼으면 독서가 아이 입시에 더 크게 기여하게된다.

잦은 입시제도 변경, 학부모들은 허둥지둥

미래학자 앨빈 토플러는 저서 『권력이동』에서 정보를 가진 자가 권력을 지배한다고 말했다. 교육 관련 빅데이터와 교육정책 분석 자료는 사교육에 몰려 있다. 1994학년도 수능이 도입된 후 입시 정책은 거의 매년 변경되었다. 변경 전에도 이미 복잡했던 제도인데 더 변경을 하니 해석이 어려워진다. 학원처럼 민첩하게 입시정보를 확보하지 못하는 학교는 정책 변화에 민감하게 대응하지 못한다. 갑자기 정책변화가 발표되면 학교와 학부모들은 허둥지둥 할 수밖에 없다.

정책이 갑자기 변하면 바로 당일부터 학원들은 "정책 변화에 따른 학부모의 대응"이라는 식의 단체 메시지를 보내어 부모의 불안한 마음을 진정시키면서 전략을 제시한다. 모르는 정보를 제시할 때 신뢰가 생기고 의지하게 된다. 학교 교사들도 아이의 부모인 경우가 많기 때문에 학부모들에게 학원 정보를 얻고 싶어할 정도로, 정보는 사교육에 집중적으로 몰려 있다. 언론에서 입시제도의 문제점과 대안을 논의할 때 학교 교사가 출현하는 예는 드물고 갈수록 사교육계 대표나 일타강사들이 의견을 낸다. 당연히 정책에 학교의 어려움과 교사들의 의견은 반영되지 않을 것이다. 수능이 변경되기도 하고, 대학 선발 방식이 바뀌기도 하기 때문에 입시에 대한 불확실성은 항상 크다.

	1994학년도	1차(8월 20일), 2차(11월 16일) 시행, 4교시 200점 배점
통합형 수능	1995학년도	1회 시행(11월 23일), 수리탐구 1,2는 계열별 시행(공통+계열)
	1996학년도	외국어(영어) 듣기 문항 10문항 확대
	1997학년도	점수배점 400점으로 확대, 외국어(영어) 듣기 17문항
	1998학년도	3교시 수리탐구2 시험시간 110분 → 120분 확대
	1999학년도	수리탐구2에서 선택과목제 도입에 따른 표준점수 사용
	2000학년도	변환표준점수의 백분위 점수 추가 제공
	2001학년도	제2외국어 영역 추가(계열구분 없이 선택적으로 응시)
	2002학년도	총점제 폐지, 5개 영역 종합 등급 및 영역별 점수 제공
	2003학년도	전년도와 동일
	2004학년도	문항당 배점이 종전 소숫점에서 정수 배점으로 변경
선택형 수능	2005학년도	선택형 수능, 탐구 영역은 과목별 선택, 직업탐구 신설
	2006학년도	OPEC 정상회의 일정에 따라 수능시험 연기(11월 23일)
	2007학년도	전년도와 동일
	2008학년도	수능 등급제 실시(영역별로 등급만 제공), 물리2 복수 정답
	2009학년도	등급제 1년 만에 폐지, 영역별 표준 점수, 백분위 병행 표기
	2010학년도	전년도와 동일
	2011학년도	영역별로 수능 문제 EBS 연계 70% 시행
	2012학년도	탐구 선택 최대 3과목 제한, 영역별 만점자 1% 목표
	2013학년도	전년도와 동일
	2014학년도	국어, 수학, 영어는 수준별 수능(A/B형), 탐구는 2과목
	2015학년도	영어 영역 수준별 시험 폐지
	2017학년도	국어, 수학 영역 수준별 시험 폐지 한국사 필수과목 지정, 절대평가 방식 채점
	2018학년도	한국사, 영어영역 절대 평가 방식 채점
	2021학년도	2015 개정 교육과정 적용, 수능은 기존 체제 적용
문이과 통합형 수능	2022학년도	문이과 통합형 수능 실시. 국어와 수학은 문이과 공통과목(75%)과 선택과목(25%)의 비율로 변경
	2025학년도	수능 변화 없음 * 고교학점제 전면 시행

*자료 : 교육부, 이투스 청솔

분야의 전문 용어를 모르는 사람과 대화를 해본 적이 있는가? 용어의 정의가 다르면 대화는 이뤄질 수 없다. 자녀의 입시를 뒷바라지 하는 엄마와 아빠 중 한 명은 입시코칭서를 최소 10권 이상 읽어야 입시에 대한 감을 잡을 수 있다. 책마다 강조하는 부분이 다르고, 방대한 입시의 모든 부분을 하나의 책에 담을 수가 없다. 여러 권을 읽어야 전체 윤곽이 보일 것이다. 처음에는 용어가 어려워 잘 읽히지 않을 것이다. 쉬운 책부터 시작하면 된다. '아빠의 무관심'이 성공의 요인이라는 말은 상대적으로 입시 용어를 잘 모르는 아빠와는 입시에 대한 의사소통이 어렵다는 것을 반증한다. 내 아이에게 맞는 입시전략을 짜려면 입시제도의 윤곽이라도 제대로 아는 것이 중요하다.

매년 발행되는 〈수박 먹고 대학간다〉는 1,400쪽에 이르는 입시정보서이다. 입시전형의 골격과 전국 대학교의 모집 요강을 한 곳에 모아둔 책이다. 지난 몇 년의 합격자 정보와 경쟁률, 합격자 평균 등 학교별, 학과별 객관적인 지표를 싣고 있다. 내 아이가 가고 싶은 대학과 학과를 정할 때 기준으로 참조하면 좋다. 학교 선생님들이 학생들의 진로를 상담할 때 이용되는 진로지도서인데, 학부모도 구입해서 참조하면 불안을 덜 수 있을 것이다.

입시가 매년 바뀌니 내 아이가 대학에 가는 해에는 어떤 기준으로 입시가 진행될 것인지 몰라 우왕좌왕하기 마련이다. 가장 정확한 정보는 원하는 대학의 홈페이지에서 모집요강을 다운 받아 직접 읽어보면 알 수 있다. 모집요강을 읽어도 무슨 뜻인지 모르겠다면 입시 관련 기본서를 더 찾아보고, 용어를 정의해보고 나서 읽어야 이해가 될 것이다.

복잡하고 요란하게 변해도 핵심은 하나다

한 아이가 대학을 가는 방법은 수천 가지가 된다는 이야기는 20년 전에 신문 기사로 읽었었다. 그 후로 거의 매년 제도를 수정했으니 현재의 변화된 용어를 이해하려면 이전의 변천사를 꿰고 있는 것이 유리하다.

대학은 수시전형이나 정시전형 중 한 가지로만 합격한다. 수시전형은 고등학교 생활기록부에 기록된 성적과 활동을 중심으로 지원자를 평가하고 선발한다. 몇 년 전까지는 비교과 활동의 비중이 너무 커져서 학생들은 자율활동, 동아리 활동, 봉사 활동, 진로 활동을 채우느라 무척 바빴다. 비교과 활동에 시간을 많이 할당했기 때문에 미리 선행을 많이 한 학생이 단연 시험 점수를 잘 받게 되었다.

하지만 비교과 활동의 여기저기에 불합리하고 불공정한 요소가 있다는 비난과 함께, 추천서를 폐지하기도 하고, 자소서를 폐지하기도 하고,

독서 활동 기록을 줄여가다가 2024학년부터는 독서 기록을 하지 못하도록 변경되었다. 수험생의 입장에서 어떤 활동을 해야하는지를 알고 불필요한 활동을 자제하고 필요한 활동에 집중해야 하는데 그것을 알려면 입시를 제대로 알아야 한다. 정보를 가져야 시간을 효율적으로 사용해서 상대적으로 이익을 얻는 구조이다. 복잡한 입시 정책은 정보를 살 수 있고 가지고 있는 일부에게 더 많은 이익을 안기는 불공평성을 증가시킨다. 상식이 있는 누구나 이해할 수 있는 단순화된 정책을 실시하길 바라게 된다.

최근 들어 몇 년 사이에는 비교과 활동 반영률이 점점 축소되면서 다시 내신 성적의 중요성이 늘어나는 추세다. 면접이 있는 전형도 있고, 없는 전형도 있다. 수능 전 면접이냐 수능 후 면접이냐에 따라 합격 여부를 짐작하기 어렵다. 대학들도 매년 전형 요소를 조금씩 변경하기 때문에, 작년 합격 자료를 봐도 올해 합격을 예측하는 것이 쉽지가 않다. 예를 들어 신설된 학과가 있다든가 전형별 선발 인원이 바뀌게 되면 올해 지원자의 특성을 예측하기 어렵기 때문에 혼선을 빚는다. 입시를 오래 치러본 대형 학원과 재수 학원에 눈과 귀가 쏠리고, 그 정보에 따라 줄서기와 헤쳐 모여가 이뤄지며 해마다 연말이 다가올수록 고등학교 학부모는 정보 사냥꾼이 되어 분주한 시간을 보낸다. 수시든 정시든, 입시는 미로에서 눈을 가리고 길을 찾는 듯한 어려운 과정이다.

모든 수험생에 공평하게 6장의 수시 지원 카드가 허용된다. 수시로 원서를 제출한 대학 중에서 하나라도 합격하면, 정시 지원은 할 수가 없다. 정시로 지원할 때 더 좋은 대학을 갈 수 있는 수능 점수가 나왔더라도, 수시로 일단 합격하면 정시 지원을 포기해야 한다. 이같은 '수시 납치'를 피하기 위한 학부모의 고심도 깊다. 자녀의 입시는 수많은 씨줄과 날줄이 엮여서 줄이 만나는 지점마다 어려운 선택을 하게 만든다. 이때마다 기준이 없다면? 다른 아이에게 적합한 전략을 우리 아이에게 적용하면 비효율성은 증가한다. 아이는 시간을 낭비하고 고생을 더 하게 된다.

정시 지원에는 학생마다 총 3장의 카드가 허락된다. 각 대학은 가군, 나군, 다군 중 하나에 속한다. 조금이라도 성적이 우수한 학생을 선발하고자 하는 대학 간의 신경전을 읽을 수 있다. 대학 서열화와 학과 서열화를 싫어하고 피하고 싶지만, 합격의 가능성을 높이고 재수를 피하기 위해서는 다른 수험생들이 어떤 선택을 하는지 눈을 뜨고 지켜봐야 한다. 피가 마르는 눈치작전 속에서 지금까지 지켜오던 전공적합성을 내려놓고 합격 가능성이 높은 학과를 찾아 헤매다가, 원하던 학과는 아니어도 이름 있는 대학의 비인기 학과에 원서를 내며 그조차 '한 가닥의 희망'이라고 생각한다. 수험생과 학부모는 어느 대학 어느 학과가 비어 있는지 혹은 터지는지 알기 위해 고군분투 한다.

정시에서는 대학들이 수능 점수를 있는 그대로 반영하지 않는다. 원점수로 뽑는 대학, 표준점수로 뽑는 대학, 백분율로 뽑는 대학, 비율을 섞어 뽑는 대학이 있다. 독자라면 어느 대학을 지원하겠는가? 답하기 어렵다. 입시 정책을 엄청 연구하거나 학원 설명회나 입시 컨설팅을 이용해야만 각각의 특성과 장단점을 조금 이해할 수 있다.

수능에서 수학 과목을 망친 수험생이 있다고 치자. 그 학생은 수학 반영비율이 낮은 대학을 찾아 나서야 유리하다. 정시지원에서 지원할 대학을 찾을 때는 합격가능성을 점치기 위해 '진학사' 온라인 상황판을 며칠이고 주시해야 한다. 주가가 현란하게 오르내리는 상황판처럼 해당 학과를 지원하는 경쟁자들의 정보를 보면서 합격 여부를 점쳐야 한다. 합격가능성이 낮은 것으로 나오면 그 학과에서 발을 빼고 다른 곳으로 이동한다. 눈치게임을 하는 며칠간의 긴장감은 대단하다. 운에 따라 대학의 높낮이가 출렁거리기 때문에 결과에 승복하지 못하면 재수를 결심한다. 운의 요소가 중요해진 만큼 재수를 통해 학교를 높이고 싶은 소망이 생기니 수시 재수도 많고, 정시 재수도 여전히 많이 한다. 요즘은 고등학교가 '4년제'라고 말한다.

2022학년도부터 정시에서 문이과 교차지원이 허용되었다. 늘 그렇듯 합의되지 않고 통보되었다. 엄청난 혼선이 예상되는 큰 변화였다. 문이과 통합수능 실시로 인하여 수학과 국어 과목에서 문과와 이과가 공통과목을 함께 치게 되었다. 변수가 많아지면서 아수라장이 되었다. 수학에서 표준점수를 더 잘 받은 이과생들이 대거 문과로 지원하는 '침공 현상'이 일어났다. 이과생들이 일단 합격하자는 마음으로 문과의 어문학과까지 싹쓸이 하다시피 한 것이다. 생각지도 못한 정책 변경의 참사인 셈이다.

이런 큰 변동이 있기 전에는 미리 국민적인 공감을 얻고, 토의하고 문제를 예측하면서 신중하게 접근해야 하지 않았을까? 10년 이상 미래의 꿈을 이야기하면서 전공적합성을 키워온 학생들의 그 노력은 다 어디로 사라지는 것일까? 문과로 합격한 이과생들은 대부분 휴학계를 제출하고 재수 대열에 합류했다. 대학측과 미리 면밀히 상호 검토하지 않고 갑자기 실시하는 변경으로 대학 교단도 어려움을 겪기는 마찬가지다. 관련 당사자들의 긴밀한 토론과 완전한 합의가 없는 상태에서 수능과 입시제도를 변경하는 것은 엄청난 고통을 야기하기 때문에 법으로 통제해야 한다.

4차 산업을 운운하는 이 시대에 점수를 가지고 눈치 작전을 극심하게 해야 하다니 믿을 수 없다. 이런 도박판이 입시 시장에서 벌어지다니 지켜보기 힘들었다. 교육적인 요소를 찾을 수 없었다. 우리 세대가 바로잡지 못한 누더기 입시제도는 내년에도 그 후년에도 변경되면서 합리적인 판단을 막고 있다. 입시 문제로 아이들 세대가 겪는 고통이 얼마나 큰지 우리는 알고 있다. 다만 말하지 못할 뿐이다.

입시 정책을 자주 변화시키는 이유가 무엇일까? 정보를 쥐지 못한 학교 교사들은 권위를 가질 수 없다. 교사는 이제 단순한 밥벌이가 되었다며 자조 섞인 농담을 한다. 교사들도 자녀들 교육을 학원에 의지하고 있다. 청소년들에게 선한 영향력을 끼치고 싶어 교직을 선택했던 교사들의 처진 어깨를 다시 세우는 날이 오길 희망한다.

대학마다 수시 합격자의 비율과 정시 합격자의 비율은 매년 물결치듯 변동된다. 수시전형은 학생부 교과전형, 학생부 종합전형, 논술 전형, 특별 전형 등으로 나뉘고, 각 전형이 차지하는 비율도 다르다. 입시 요강을 살펴볼 때 대학별, 학과별 평가 요소의 변경을 염두해야 더 정확한 선택을 할 수 있다. 수능에서 어떤 선택 과목으로 시험을 칠 것인지 빨리 결정해야 한다. 결정이 늦어질수록 재수로 이어지기 쉽기 때문이다.

그러나 중요한 사실이 있다. 입시 정책은 매년 요란하게 바뀌지만 그 안에서 고요히 흐르는 핵심은 같다. 30년 전이나 지금이나 입시는 국어, 수학, 사회, 과학, 영어 시험에서 누가 높은 점수를 받느냐를 평가한다. 입시 정책은 누구나 읽어서 이해할 수 있는 수준으로 단순화 되어야 한다. 매년 바뀌는 입시에서 내 아이가 길을 잃지 않도록 부모 중 한 명은 아이의 입시 정책을 적극적으로 파악할 필요가 있다. 스스로 이러한 입시정보를 찾아 자신의 진로를 정하는 아이라면 앞으로 무슨 일을 하든 성공할 것이다. 그런 아이는 거의 만나기 어렵다. 정확한 정보를 찾지 못하면 일찍부터 선택해서 집중하는 경쟁자보다 상대적으로 손해가 크다. 아이의 잠재력보다 낮은 대학을 지원하기 쉽다.

입시 정보는 어떻게 찾을 수 있을까? 딸들이 독서로 쌓은 지식을 시험에 최대한 활용할 수 있게 하려니 입시 정보를 많이 찾아야 했다. 다행스럽게도 요즘은 인터넷과 유튜브에 필요한 입시 정보가 무궁무진하다. 이런 자료를 잘 활용한다면 정보의 부족을 느끼지 않을 정도로 정보가 쏟아진다. 인터넷 맘카페에서도 회원들과 정보를 교류할 수 있다. 세세한 정보에서부터 대학입시 정책에 이르기까지 다양한 정보가 넘쳐난다. 맞벌이를 한다거나 부모가 입시에 깊이 관여할 수 없는 경우라면, 일찍부터 학원 상담과 컨설팅을 적극적으로 받아서 가야 할 방향을 좀 더 명확하게 해주는 것이 아이의 불안감을 낮추는 방법이다.

내가 무엇보다 이 글에서 강조하고 싶은 것은, 일찍 자리잡은 독서 습관은 입시 정책 변화에 영향을 많이 받지 않는다는 점이다. 입시는 독서를 통해 이미 쌓인 지식을 바탕으로 약간의 방향성만 추가하면 된다. 독서는 교과서 범위 안뿐만 아니라 교과서 밖에 있는 모든 영역까지도 열려 있기 때문이다. 입시 정책이 방향을 자주 바꾸어도 독서는 변화에 빨리 적응할 수 있는 능력을 준다. 독서는 가장 강력한 입시전략이다.

독서로 수시를 노려 SKY에 합격한 선경이

우리나라 대학 입시는 기본적으로 상대평가이며 경쟁이 치열하다. 비슷한 실력의 경쟁자보다 내가 더 유리한 점수를 받는 방법을 연구해야 한다. 주변 환경과 경쟁 대상에 대한 정보를 알고, 나의 위치를 객관적으로 파악해야 한다. 전략은 시간을 줄여주고 고생을 덜하게 해주며 동시에 효율을 높인다. 아이에게 맞는 전략을 미리 찾아 SKY에 합격한 책벌레 학생 사례를 소개한다.

선경이는 책을 잘 읽는 아이였다. 5학년이 된 어느 날 선경이가 우리 학원에 왔다. 엄마와 내가 상담을 하는 사이, 책읽기를 좋아하던 선경이는 경계심 없이 독서실로 들어갔다. 영어책이 많은 것을 보더니 맘에 드는 책을 꺼내서 읽고 있었다.

선경이처럼 독서를 잘하는 아이에게 유리한 입시 전략은 따로 있다. 다독한 학생들은 조금만 노력하면 국어 점수를 잘 받는다. 독서가 쌓아

준 어휘력, 집중력, 이해력, 논리력, 배경지식의 힘으로 시험 준비가 수월하다. 같은 맥락에서 사탐 과목도 독서력이 상당한 도움을 준다. 또한 한글 독서가 선행이 되어 있기 때문에, 자기 취향에 맞는 영어 원서를 만나기만 하면 영어도 독서로 쉽게 해결할 수 있었다. 선경이가 좋아했던 한글 책을 물어, 나는 비슷한 영어 책을 권했다.

선경이는 집에서 한가롭게 좋아하는 추리 소설을 보면서 고등학교 생활을 할 수 있었다. 특별히 신경 쓴 것은 수학이었다. 나는 개념과 사고력을 잘 잡아주면서도 꼼꼼하게 챙긴다는 어느 수학 학원을 선경 엄마에게 추천했다. 문제만 많이 푸는 학원을 선택하면 아이가 지칠 우려가 있기 때문이었다. 선경이는 수학 학원을 꾸준히 다녔다. 중고등 수학 성적은 최상위였다. 게다가 국어, 사회, 영어는 독서 습관으로 그리 어렵지 않게 상위권 성적을 유지할 수 있었다.

그런데 선경이가 고등학교 2학년이던 어느 날, 선경 엄마가 도움을 요청했다. 서로 예민해져서 대화가 제대로 이뤄지지 않을 때도 있기에, 우선 선경이의 말을 경청했다. 고등 내신 공부가 하기 싫다고 했다. 학원 공부도 재미가 없다고 했다. 독서가 생활이던 아이들은 여유롭게 살던 습관을 벗고 학원을 계속 다니는 상황을 견디기 어려워하는 성향을 가진다. 특히 학원에서 주는 암기와 숙제를 견디지 못한다. 독서를 통해 자기 생각을 꾸준히 키워왔기 때문이다. 선경이는 바쁜 고등학생이지만 스트레스를 해소하기 위해 여전히 독서를 하고 있었다.

하지만 고등학교 성적은 입시의 재료다. 엄마는 책만 읽고 학원에 가기 싫어하는 딸이 걱정되었다. 이럴 때 어떤 선택을 해야 아이도 살고, 관계도 살고, 성적에도 유리할까? '입시는 전략'이라고 말하는 지점이 바로 이 지점이다.

"선경이 너는 내신 위주로 공부하는 게 손해야. 차라리 수학만 학원 다니고 독서 습관을 이점으로 살려서 대학 가는 건 어때? 내신으로 대학을 가는 것보다 모의고사 챙기면서 수능으로(정시로) 대학 가는 게 유리해. 수능 국어랑 영어는 문해력 테스트야. 책을 많이 읽었으니 수능 영어와 국어는 쉽게 1등급을 받을 거야."

독서를 고등학생 때까지 '끊지 못하는' 아이는 수능 위주로 전환하면 더 유리하다. 평소 내신 부담을 덜 수 있으니 수능 공부를 할 수 있는 시간이 더 많아진다. 그렇지 않으면 제한된 시간에 이것저것 신경 쓰느라 집중할 수가 없다. 시간을 효율적으로 활용하지 못하면 성적은 추락한다.

정시를 위주로 공부하되, 수시전형은 버리지 않았다. 독서력을 이용하여 문과 인문논술전형에 지원하면 좋다. 선경이는 확실히 독서량이 많았다. 논술학원에서 짧은 기간을 준비해도 논술 실력이 잘 나왔다. 그날 상담으로 선경이의 표정이 밝아졌다. 다시 해보려는 힘을 얻은 것 같았다.

이것이 전략이다. 선경이는 수능 최저 조건을 맞추고 SKY 대학에 수시 논술전형으로 합격했다. 선경이 이야기는 좋은 사례다. 이미 책읽기의 즐거움에 빠진 학생이었기 때문에 가능한 선택이었다.

그런데 아이도 엄마도 입시가 처음이면 입시 정책을 이해하고 선택하기 어려울 수 있다. 입시 제도를 파악하고 아이의 객관적인 실력을 알면 불리한 선택지는 버리고 더 유리한 선택지로 갈아타는 결단을 할 수 있다. 그러나 선택을 하는 과정에서 가족간 불필요한 신경전과 갈등이 심해지면 공부 의욕마저 잃을 위험성이 있다. 적기에 제대로 판단을 해야 한다. 아이가 정신적인 고통을 호소할 때 어떻게 결정하는 것이 바람직한지 모르겠다면 진로 컨설팅을 적극적으로 찾을 필요가 있다.

독서를 많이 해야만 대학을 잘 가는 것은 아니다. 하지만 아이들이 타고난 자기만의 기질을 살려서 원하는 대학에 진학하는 데 독서만큼 돈이 적게 들고 고급스러운 방법이 또 있을까? 독서를 기본으로 인강, 학원, 과외, 자습 중에서 상황에 맞는 적절한 선택을 해야 한다. 독서 수준을 선경이처럼 높인다면 국어, 영어, 사탐은 독서의 영향력 아래 쉽게 준비할 수 있다. 다독한 아이들의 경우 수학을 제외한 모든 과목의 수능 점수가 내신 점수보다 더 높게 나온다. 때문에 수학을 파고 들 수 있는 여유 시간이 생긴다.

휘둘리지 않으려면 멀리 내다보라

독서 전략은 어떤 활동을 더 뺄 것인지에 따라 성패가 결정된다. 독서할 시간을 충분히 확보하려면 필요 없는 활동에 욕심 내지 않아야 한다. 마음이 평온해야 책에 빠져든다. 다이어트를 하려는 사람이 뷔페 식당에 무엇을 먹을지 고민하는 꼴이어서는 안 된다. 독서의 장점은 바쁘지 않게 공부 성취와 마음의 안정을 둘 다 누린다는 것이다. 따라서 독서량이 절정에 이르는 초등학교 때는 특히 참여할 활동을 지혜롭게 선별해야 한다.

입시가 단순했다면 반대로 다양한 활동을 참여하는 쪽을 격려했을 것이다. 그러나 우리나라 아이들은 너무 바빠서 활동을 가지치기 하는 일이 중요하다. 아이에게 적합한 활동을 남기려면 이것저것 다 잘하려는 욕심을 내려 두는 것이 좋다.

학교 안팎에서는 다양한 활동이 진행된다. 글짓기 대회, 독후감 대회, 토론 대회, 그리기 대회, 물로켓 발사 대회, 스피치 대회, 수학/과학 경시 대회 외에도 무척 많다. 아이가 잘하거나 흥미가 있는 영역인데 아이도 원하는 활동이라면 참여해도 좋다. 하지만 다른 아이들이 참여하는 것에 자극되어 이것저것 참여하지 않게 자제해야 한다. 할 때는 괜찮은 것 같지만 세월이 지나 생각해보면 욕심이 앞선 활동인 경우가 많다. 차분하게 매일 독서하면서 믿음을 나눌 수 있는 몇몇의 소중한 친구만 있어도 행복한 어린시절이 보장된다. 그리고 남는 시간은 소중한 가족과 나들이 하고 영화를 보고 여행하는 시간으로 사용하는 것이 훗날에도 후회하지 않을 활동이 된다.

나는 아이들의 실력을 측정해보고 싶은 마음에 경시대회를 쫓아다니기도 했다. 독서로 키운 지식이 영어나 수학 경시 대회에서 어느 정도의 실력을 발휘하는지 알고 싶기도 했지만 그 과정에서 과열되는 경쟁 심리로 마음고생을 하기도 했다.

아이가 독서를 하면서 느긋한 학습 방법을 따르는 동안 다른 엄마들과 잦게 접촉하는 것이 좋다고만 할 수는 없다. 매 학년마다 새로 꾸려지는 어머니회 모임에서 학교 정보를 얻는 장점도 있지만, 작은 정보에 민감하게 반응하다 보면 치우친다. 몰라도 되는 시시콜콜한 정보까지 듣다

보면 자꾸 뒤처진 것 같은 불안이 생기기 때문이다. 휘둘리지 않으려면 멀리 내다보는 지혜가 필요하다.

나는 큰아이와 작은아이를 키우면서 공부 얘기를 거의 하지 않는 엄마들과 모임을 따로 만들었다. 아이들이 함께 놀 거리를 찾고 공부와 상관없는 활동을 했다. 연극이나 뮤지컬을 관람하고 다 함께 여행을 다녀오기도 했다. 공부 얘기와 아이들 간의 비교를 최소한으로 했기에 엄마들 간의 긴장도 마찰도 없었다. 그분들은 지금도 만나면 반갑다.

행동이 느린 큰아이가 독서를 공부법으로 선택하지 않았었다면 몇 배로 힘든 수험생 시기를 거쳤을 것이다. 학원을 많이 다니는데도 성과가 낮거나, 학원을 다니지 않으려 하거나 중간에 지쳐서 가고 싶은 대학에 가지 못했을 수도 있다. 어쩌면 고등학교 1학년 때부터 수시를 포기하고 정시로 방향을 정했을 수도 있다. 나는 큰아이의 경우 수시와 정시 둘 다 챙겼다. 양다리를 걸쳐서 재수만은 면해 보자는 전략이었다. 하지만 그 바람에 큰아이의 고등 독서는 무너졌다. 큰아이의 입시에 영향을 미친 독서는 대부분 중학교 시기까지의 독서력이었다.

다시 아이를 키운다면 아이들 독서 모임을 만들어서 정기적으로 대화도 하고 토론도 하면서 생각을 키워주고 싶다. 독서 모임이 끝나면 친구들과 파자마 파티를 하거나 놀이를 하면 좋겠다. 엄마들끼리도 독서 모임을 만들고 싶다. 아이들 교육 정보만이 아니라 부모인 자신의 생각을 넓히고 키우기 위한 활동도 하는 것이 좋겠다.

입시는 전략이다

과감한 선택으로 시행착오를 줄인 사례가 있다. 딸 둘인 맞벌이 엄마가 상담을 왔다. 직장 일에 집중하다 보니 아이들의 학교 뉴스와 입시 정보에 어두운 상태로 큰아이 입시를 치렀다. 독서를 많이 했던 아이라 초등학교 6학년까지 공부를 잘했다. 직장 일로 아이들 공부를 돌보기 어려웠던 엄마는 두 아이를 학원에 줄곧 보냈다.

첫째 딸은 중학교 때 사춘기를 심하게 겪었다고 했다. 고등학교 입학을 앞두고 공부를 열심히 해야겠다고 마음먹고 고등 3년 내내 고생했지만 성적이 오르지 않았다. 재수까지 해서 합격한 대학은 기대에 미치지 못했다. 미리 입시를 좀 연구했다면 더 나은 선택으로 더 좋은 결과를 얻었을 것이라며 후회했다.

첫째의 경험을 통해 둘째의 입시는 다르게 준비했다. 둘째도 공부 머리가 있다는 소리는 들었지만, 중학교 때 남자친구를 사귀며 공부를 게을리 했다. 고등학교 첫 시험 성적을 보니 잠재력에 비해 수시에서 합격 가능할 대학 수준이 예상보다 낮았다. 내신 성적으로 3년 내내 제자리걸음을 하느니 내신을 버리고 정시전형으로 방향을 과감하게 돌렸다.

수능과 관계 없는 나머지 과목은 공부하지 않았다. 비교과 활동을 신경 쓰지 않게 되니 엄청난 공부 시간을 확보할 수 있었다. 무엇보다 둘째는 열심히 공부하고자 하는 내적 동기가 충분했다. 고2가 되자 모의고사에서 두각을 나타내기 시작했다. 학교 선생님들은 수시도 노려보길 권하셨지만, 아이의 시간이 분산되지 않도록 정시에만 집중시키겠다는 것이 전략이었다.

고3 때까지 수능 성적을 끌어올려 정시로 서울대 공대에 합격했다. 이처럼 과감한 전략은 입시 정책을 알아야 짤 수 있다. 전략이 없었다면 아이는 수시전형을 준비하느라 힘은 들었는데 내신 성적은 오르기 어렵다. 아이에게 수시와 정시 둘 다 잡으라고 요구하는 대신 일찍 정시에 집중할 수 있게 한 것이 성공 전략이었다. 입시를 잘 알수록 내 아이에게 유리한 선택을 할 수 있다. 입시 제도를 따라잡기도 어렵고, 내 아이를 객관적으로 알기도 쉬운 일이 아니어서 좋은 전략을 짜는 데는 각고의 노력이 요구된다.

3

◆ 독서는 입시 어디에서나 빛난다 ◆

독서는 시험 점수를 높여주는 기능만 있는 것이 아니다. 팔방미인 격인 독서는 습득한 지식만으로도 사교육보다 훨씬 광범위하다. 그러나 독서는 시험 점수처럼 수치화 되지 않는 다양한 장점도 많다. 독서를 입시에 맞추어 계획성 있게 진행한다면, 점수 이외에도 수시전형에 유리한 다양한 학교 내외 활동에서 독서의 덕을 볼 수 있다.

독서로 전공 적합성을 높여라

성적을 위주로 정량적 평가를 하는 학생부교과전형과는 달리 학생부 종합전형은 생활기록부에 기록된 모든 활동을 종합하여 정성적으로 평가한다. 생활기록부를 통한 1차 평가는 기계가 아니라 사람이 하는 일이다. 또한 생활기록부 기록에 적극적인 고등학교도 있고 그렇지 않은 학교도 있다. 교장 선생님의 입시에 대한 이해도나 열정 수준에 따라, 선생님들의 생활기록부 기록은 상당한 차이를 보인다. 어떤 학교가 생활기록부 작성에 적극적인 교장 선생님이 부임하신 이후로 수시 합격률이 월등하게 좋아졌다는 소식이 들리기도 한다. 같은 학교 내에서도 생활기록부 작성에 적극적인 선생님이 있고 불편해 하는 선생님이 있다. 생활기록부에 최선을 다하는 학생도 있고, "생활기록부가 뭐야?"라고 말할 정도로 생활기록부의 중요성을 모르는 학생도 많다. 입시요강을 미리 파악하면 입학하는 순간부터 생활기록부를 관리하는 능력이 중요하다는 것을 알 수 있다.

특히 중요한 것은 학생의 전공적합성이다. 대학 입학사정관들은 학과에 잘 적응할 지원자를 뽑고자 한다. 때문에 아이가 전공하고 싶은 학과가 일찍부터 뚜렷하면 입시에 유리하다. 어려서부터 그쪽 분야로 독서도 하고, 체험도 하면서 전공에 적합도를 높여두면 고3에 닥쳐서 허둥지둥 학과를 정하는 것보다 기반이 탄탄해진다. 예를 들어, 물리학을 전공하고 싶은 학생이라면 생활기록부에 그런 특성이 기재되어 있어야 한다. 물리 교과 성적이 우수하고, 비교과 활동(자율 활동, 동아리 활동, 봉사 활동, 진로 활동)에도 물리학에 대한 관심이 드러나면 입학사정관의 좋은 정성적 평가를 얻을 것이다. 물리학과에 들어가서도 적응이 쉽다.

독서는 전공적합성을 높이는 하나의 방식이다. 생명공학과 지원자라면 『이기적 유전자』나 『종의 기원』 등 생명공학 관련 독서가 생활기록부에 기록되어 있는 것이 평가에서 유리하다. 생활기록부에는 읽은 책을 모두 기록하는 것이 아니다. 전공 학과와 관련이 있는 의미 있는 책인지 신경 써야 한다. 독서 감상문 쓰기 대회에 참석하거나 수상한 내역을 기록할 수도 있다. 또 보고서를 작성하여 수업시간에 발표하는 등 전공적합성을 높여나가는 노력이 중요하다. 생활기록부에 기록되지 않은 활동은 입학사정관에게 전달되지 않는다. 더구나 2024학년도부터는 독서가 더 이상 생활기록부에 반영되지 않게 된다고 한다. 생활기록부 '과목별 세부특기' 란과 담임선생님의 '종합평가' 란에 관련 활동을 기록하여 열정을 보여 준다면 비슷한 성적의 지원자들 사이에서 더 좋은 평가를 받을 수 있다.

독서는 논술전형(인문 논술)에 유리하다

어려서부터 독서를 많이 해서 언어 능력이 탁월한 아이들은 수시 인문 논술전형을 활용하면 좋다. 독서를 통해 다양하고 깊은 지식을 얻어서 상식이 풍부하지만 내신 성적이 생각처럼 잘 나오지 않을 수 있다. 내신 성적은 학생이 잘하는 것도 중요하지만, 경쟁하는 환경에 따라 관리가 쉽지 않기도 하다. 내신 성적이 나오지 않는다고 정시로 지원하기도 어렵다. 수능 문제는 내신 문제보다 난이도가 더 높기 때문이다.

하지만 어려서 책을 많이 읽었다면 국어, 영어, 사탐이나 과탐에서 쉽게 1등급대를 맞을 수 있다. 여기에 수학을 집중적으로 공부하여 실력 향상을 이룬다면 정시로 명문대 문을 두드릴 수 있다. 수학을 더 열심히 하면 수시 논술전형에 필요한 수능 최저 조건을 쉽게 통과할 수 있기 때문에 수시 논술전형에 도전할 수 있는 자격이 생긴다. 독서는 스스로 생각하는 힘을 기른다. 독서로 쌓은 지식을 논리적으로 조리 있게 생각하는 사고력을 키웠으므로 적은 연습으로도 퀄리티 높은 논술을 작성할 수 있다.

논술전형으로 수시 지원을 할 수 있으니, 수시 지원 카드 6장을 버릴 필요가 없다. 논술전형으로 원서를 낼 때는 정시로 합격할 수 있는 대학보다 더 높은 대학을 지원할 수 있다. 수시가 아니어도 정시로 합격할 수 있다는 믿음이 있으면, 수시 지원할 때 그보다 상향지원을 할 수 있다. 내신 성적은 반영 비중이 적기 때문에 수능 최저 조건만 맞추면 논술을 기회로 사용할 수 있다.

이과의 논술은 수학과 과학 문제를 푸는 식이라 독서와 큰 관련성은 없다. 반면 문과의 인문논술은 제시문을 이해하고 분석하여 비교 대조하는 논리력과 독해력이 중요하다. 다독의 영향력이 있는 전형이라, 평소 독서를 많이 한 아이들이 전문적인 논술 학원의 도움을 받아 합격하기도 한다. 딸의 내신 성적이 예상보다 너무 좋지 않아서 걱정이던 한 엄마는 딸에게 논술전형을 권했다. 논술전형은 경쟁률이 높지만 독서를 많이 한 딸에게는 유리할 수 있다고 보았기 때문이다. 내신 성적으로 지원할 수 있는 대학은 마음에 들지 않았다. 만약 논술전형으로 불합격하면, 재수를 해서 다음해 정시로 대학 수준을 높이겠다는 전략이었다. 논술에 대한 정보는 논술 전문 학원에 있기 때문에 학생은 3학년 여름방학부터 논술을 학원에서 준비했다. 준비 기간은 짧았지만 서강대에 합격할 수 있었다.

독서는 선택한 것에 집중하게 한다

다독이 아무리 좋다고 해도 바쁜 고등학생들은 독서할 시간을 내기 어렵다. 대학 입시가 코앞이라 요구하는 사항을 충족하기도 바쁘다. 활자 중독이라도 된 듯 소설책에 빠지곤 했던 책벌레 큰아이도 독서는 생각할 겨를이 없었다. 중간고사와 기말고사, 모의고사 시험이 끝난 바로 뒤, 또는 방학이 되어야 겨우 며칠 쉬면서 책을 읽었을 뿐이었다.

중학교 때까지 학원을 다니지 않았던 아이들도 고등학교에서는 학원의 도움을 받아 공부하는 경우가 많다. 큰아이는 고등학교에서 학원을 이용하지 않을 작정이었다. 내신 성적을 잘 받아야 원하는 대학에 수시 전형으로 합격할 수 있다. 큰아이의 자습 스타일이 학원을 오가며 하는 공부보다 더 효율적일 것이라 판단했다. 다독이 바탕이 되지 않았다면 학원을 어찌 피할 수 있었겠는가? 중학고 때까지 큰아이는 많은 책을 읽었고, 과목 연계 독서로 전과목 선행효과를 낼 수 있었다.

고등학교 1학년때 '생물경시대회'가 열렸다. 2주 정도 공부할 시간이 있었다. 대회 참가 신청을 한 아이들은 생물 공부에 집중하지 못했다. 학원에 가야 했기 때문이다. 예를 들어 월수금에 수학 학원, 화목에 영어 학원, 주말은 국어나 탐구 학원을 가는 식이다. 큰아이는 그 시간에 모두 생물을 공부할 수 있었다. 학교 다녀와서 심화용 생물 자습서를 꼼꼼하게 공부했다. 경시대회 이후 기말고사가 예정되어 있어서, 생물경시대회를 깊이 있게 공부하는 것이 내신 생물에서 1등급을 받게 할테니 일석이조였다. 결국 경시에서는 대상을, 기말고사에는 1등급을 받을 수 있었다.

경시대회 문제는 교과서에서 출제될 수도 있지만, 응용이나 심화문제의 경우는 교과서 범위를 벗어나 지문이 제시되기도 한다. 그런 상황에서 독서는 항상 변별력을 만들어주었다. 어디선가 봤던 내용이라 확실하게 뜻을 알고 문제를 풀기 때문이다. 여기저기에서 읽었던 풍월이 상식이 된 것이다. 생물 과목에서 가장 어려운 파트는 유전이다. 큰아이는 생물경시대회를 준비하는 2주 동안 유전과 관련된 책도 들춰봤다. 인터넷 강의로 어려운 부분을 보충하기도 했다. 중학교 때까지 충분한 교과 연계 독서를 해둔 것이 도움이 되어 선택한 활동에 집중할 수 있었다. 독서는 이렇게 각 과목 선행의 역할을 하면서 유리한 상황을 만든다.

〈WHY〉 시리즈 만화를 시작으로 〈어린이 과학동아(어과동)〉 만화를 거쳐 〈과학동아〉 잡지를 꾸준히 구독했다. 그 사이 수백 권의 과학 관련 책을 탐독했다. 큰 서점이나 온라인 서점, 인터넷 맘카페 등을 통해 과학 인기도서는 쉽게 찾을 수 있다. 교과서보다 친절하고 깊이가 있는 지식을 다양한 각도에서 흥미롭고 쉽게 이해시키는 책들이 많다. 고등 교과서에서 배울 내용을 책으로 이해하고 있었기 때문에 생물 과목의 모든 개념이 어렵지 않았을 것이다.

해당 분야에 관한 독서를 하지 않은 아이와 충분한 독서를 한 아이가 같은 시험을 본다. 누가 유리할까? 큰아이는 친구들이 학원에서 다른 과목 수업을 하는 사이 생물경시대회에 집중했다. 선택과 집중을 할 수 있었던 것이다.

나는 고등학교 경시대회를 독서로 준비하라고 말하는 것이 아니다. 시간이 없다고 하지만, 그래도 중학교 때까지는 독서할 시간이 많다. 중학교 때까지 수학 정도만 따로 공부하고 나머지는 교과 연계로 책을 읽기를 권한다.

4

✦ 사교육을 뛰어 넘는 교과서 연계 독서 ✦

활솜씨를 증명하려면 먼저 과녁에 집중해야 한다. 마찬가지로 다독을 이용하여 대학 입시에서 좋은 성과를 내려면 초중고 때 학교에서 어떤 과목을 배우며, 각 과목의 목차는 어떻게 되는지 미리 살펴보는 것이 좋다. 앞으로 배울 교과서 내용과 독서를 연결지으면 더 넓고 깊게 과목을 이해할 수 있다. 출판사들이 다양한 초등학생용 교과 연계 도서 세트를 출판한다. 과목별로 낱권의 인기도서를 읽어도 좋다. 단, 교과 연계 독서를 할 때도 읽을 책은 전적으로 아이가 골라야 한다. 부모가 골라둔 책을 억지로 읽으라고 하는 것은 독서 습관을 만드는 데 방해 요인이다.

독서를 입시 과목과 연계하라

독서를 많이 한 아이가 국어를 못한다는 말은 들어본 적이 없다. 스토리를 좋아하는 인간의 특성상 푹 빠져서 읽다 보면 어휘와 잡다한 지식을 얻게 되어 그보다 어려운 지식 도서를 읽을 수 있는 힘을 만든다. 판타지나 추리소설만 읽어도 효과는 크다. 한글 독서는 국어 실력이 되고, 영어 독서는 영어 실력이 된다. 독서량이 증가하면 국어 교과서는 쉬워지고 어느 지점을 넘어서면, 수능 국어가 내려다 보이는 수준에 이른다.

사탐과 과탐 과목을 어렵다며 싫어하는 아이들이 많다. 어려운 용어가 많이 등장하기 때문이다. 어렵다는 것은 모르는 내용이 뭉쳐 있다는 뜻이다. 수준을 낮춘 편안한 책을 통해 그 과목이 우리의 일상 속에 밀접하게 스며들어 있다는 점만 알게 되어도 과목 흥미도가 쑥 올라간다. 교과서는 스토리 중심이 아니고 이론과 설명 위주여서 지루할 수 있다. 교과 연계 도서는 스토리로 아이들의 호기심을 유발하고 그림이나 사진으로 친근하게 다가간다.

나는 아이들이 사회, 과학에 관심을 갖게 하려고 교과 연계 도서를 전집으로 구입했다. 아이들과 함께 서점에 나가 읽고 싶은 전집을 직접 고르게 했다. 전집은 한꺼번에 다량을 구입하니 읽을거리가 부족하지 않아서 좋다. 또 권당 가격도 저렴하다. 하지만 욕심이 앞서 아이의 의사를 듣지 않고 전집을 들여놓으면, 본전 생각에 읽기 싫은 책을 자꾸 권하게 되면서 독서 흥미를 떨어뜨릴 수 있다.

자주 가던 동네 서점에서

아이와 맛있는 밥이나 간식을 먹고 큰 서점에 나들이를 가보자. 과학 책이 진열된 매대로 이동하여 편하게 책을 보게 하자. 그중에서 혹시 재 밌어 보이는 책이 있으면 구입하자고 말한다. 재미가 없을 것 같다던 아 이들도 편안한 분위기를 주면 한두 권은 쉽게 고른다. 아이들이 고른 책 은 나름의 이유가 있어 마음에 든 것이다. 이렇게 몇 차례 재밌는 과학 책을 발견해서 읽으면 아이들은 과학이 좋다고 말한다. 아는 내용이 수 업에서 나오니 관심이 생기고, 아는 것이 많으니 선생님의 질문에 답변을 잘해서 칭찬을 받는다. 칭찬을 받으니 더 잘하고 싶어진다. 그러면 애벌 독서를 넘어 과학 심화 도서를 읽게 된다.

수능에서 시험을 치르는 기본 과목은 국어, 영어, 수학, 과학탐구, 사회탐구, 한국사다. 고등학교에서 경제, 세계사, 물리, 화학 등 다양한 탐구 과목을 배울 것임을 염두에 두라. 생활 속 상식을 알려주는 가벼운 만화로 시작해서 점점 재미와 호기심을 채우면서 수준을 높여나가면 된다.

나는 독서를 통해 아이들이 특히 수학과 과학에 흥미가 많다는 것을 알게 되었다. 덕분에 두 아이 모두 중학교에 입학하기 전부터 이공계로 진로를 정할 수 있었다. 큰 서점의 진열대에는 과학과 수학 전문 코너가 따로 있다. 인터넷 맘카페나 학교 권장도서 목록을 참조하되, 아이의 흥미를 사로잡지 못하는 책이면 강요하지 말고 스스로 읽을 때까지 기다리는 것이 좋다.

두 아이들은 중학교를 마칠 때까지 수학과 과학 책을 수백 권 이상 읽었는데, 이것이 두 아이 모두 영재고 시험에 대한 도전의식을 갖게 했을 것이라 생각한다.

아이들이 수학을 좋아하게 만들기 위해 나는 아이들이 수학을 문자로 접하기 전에 다양한 숫자 놀이를 하게 했다. 손가락 놀이, 계단 오르며 숫자 세기, 과일을 세어가며 먹기 등 생활의 모든 것들이 숫자 감각을 익히는 도구다. 놀이 하며 웃는 사이에 익히는 수학은 공부했다는 생각이 들지 않는다. 아이들의 재미를 책으로 옮겨 붙도록 하기 위해 수학과 연관된 책을 읽어주고 보여주며 아이들이 스스로 읽고 싶게 만드는 데 성공했다.

1) 일상에서 숫자 감각을 익히는 놀이를 통해 숫자에 흥미를 일으켰다.
2) 게임용 책으로 수학적 사고력과 논리력, 집중력을 키웠다.
3) 여기에 이야기로 생활 속에 숨겨진 수학을 찾아내고 발견의 기쁨을 느끼는 단계를 거쳤다.

이쯤 되니 아이들은 수학을 좋아하게 되었다. 새로운 문제가 나오면 둘이서 둘러 앉아 문제를 풀고 싶어 했다. 수학의 즐거움을 발견하면 수학도 재미로 접근할 수 있다. 지루한 문제를 손으로 풀어서 점수를 잘 받을 것이라는 말은 손흥민 선수보다 더 오래 축구공을 차면 손흥민 선수 실력을 능가할 것이라고 보는 것과 같다. 이론적으로는 가능할지도 모른다. 하지만 하나도 재미가 없는데 손흥민 선수보다 더 오래 축구공을 찰 수 있을까?

물론 초등학교까지는 문제만 많이 풀어도 성적이 잘 나올 수 있다. 하지만 기왕 공부해야 한다면 즐겁게 하자. 백년을 살아도 인생은 짧다. 그 중 20년이나 갈고 닦아야 대학에 이른다. 젊고 팔팔한 그 에너지를 억누르고 미래를 위해 오늘은 괴로워도 좋다고 생각하는 것은 '꼰대 마인드'다. '어떤 상황에 처하든 긍정적인 자세로 삶을 바라보는 시선'은 어렸을 때부터 매일을 즐겁고 행복하게 보내야만 자연스럽게 찾아오는 가치관이다.

사교육을 이기는 교과 연계 독서
- 독서는 토네이도다!

아이들 독서가 성장하는 것을 모형으로 그렸더니 토네이도 모양이 되었다. 원리는 간단하다. 토네이도는 엄청난 속도와 힘으로 지상에 있는 모든 물질을 빨아올린다. 독서가 지식을 흡수하는 모습과 닮았다.

회전하는 공기가 땅에 닿는 것을 터치다운(touchdown)이라 한다. 즉, 터치다운이 되지 않는 공기의 회전은 토네이도가 아니다. 땅의 물질을 흡수하지 못하고 공중에서 흩어지는 태풍을 토네이도라 부르지 않는다. 독서도 토네이도처럼 터치다운이 필수적이다. 책이 싫다는 마음이 먼저 생기면 터치다운은 오지 않는다. 독서에 있어 터치다운은 바로 애착과 놀이다. 영아기 때부터 무의식적으로 책에 대한 호감을 갖도록 환경을 조성하는 것이 아주 중요하다. 처음 책을 집어 들고, 열고, 읽어 주는 사람은 부모일 것이다. 부모와 살을 부비며 웃고 말하고 놀이하는 과정에서 아이는 부모를 완전히 믿는다. 너무나 사랑하는 엄마와 아빠가 재밌게 읽어 주는 책은 무조건 재미있다. 엄마 아빠가 좋아서 함께 있고 싶은데 그것이 책과 함께하면, 책에 대한 이미지도 좋아지는 것이다. 손놀이와 노래, 율동을 원래부터 싫어하는 아이는 한 번도 본 적이 없다.

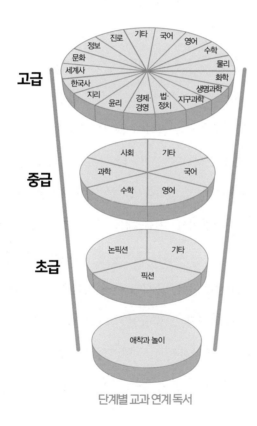

단계별 교과 연계 독서

터치다운이 제대로 되면, 독서는 그 다음 단계로 저절로 올라간다. 그림책이나 동화책으로 관심의 수준이 높아진다. 위로 올라갈수록 빨아들인 물질은 잘게 부숴져 간다. 그림책 하나로도 아이와 엄마는 많은 대화를 주고받을 수 있다. 단어와 말, 상상력을 키우고 집중하는 법을 배워나간다. 모든 토네이도는 모양과 방향과 속도가 다 다르다. 아이들의 독서도 제각각이다. 하지만 모든 토네이도는 크든 작든 강력하다. 시간이 갈수록 타고난 아이의 성향에 따라 더 좋아하는 장르를 찾아 읽을 것이다.

한글을 익힌 다음 혼자서 전래동화도 읽고 세계명작도 읽을 것이다. 엄마의 목표가 '독서로 사교육을 이기고 스스로 공부하도록 하는 것'이라면 학교에서 배우는 과목에 연결하여 골고루 독서하게 해주자. 과목별 추천도서는 인터넷을 검색하면 많이 나온다. 그 도서 목록 중에서 어느 것 하나쯤은 마음에 들어 할 것이다. 그 한 권이 새로운 독서 방향을 정하는 계기를 마련해줄 것이다. 처음 책을 선정하고 흥미를 붙이는 단계에서 도움을 주면 나머지는 저절로 돌아간다. 독서는 조급함을 내려놓고 유연한 태도로 이끌어야 한다. 동시에 여러 영역을 돌아가며 읽는 것만이 교과 연계 독서는 아니다. 오랫동안 추리 소설만 읽다가 어느 날부터 오랫동안 과학 도서를 좋아하는 것도 멀리서 바라보면 교과 연계 독서이다. 어느 것이 더 좋다고 말할 수 없는 아이마다의 차이일 뿐이다. 걱정할 필요는 없다.

바람이 끝나지 않는 한 토네이도는 회전을 멈추지 않는다. 물질을 닥치는 대로 흡수해서 위쪽으로 올려보낸다. 독서를 꾸준히 하기만 하면 책의 수준은 아이 스스로 올려나간다. 일부러 두꺼운 책을 읽어라, 어려운 책을 읽어라 하며 강요할 이유가 없다. 나는 책을 좋아한 적이 없다는 아이를 만나면 일부러 말해준다.

"처음에는 단계가 약간 낮은 책을 읽는 게 좋아. 그림이 많이 있어도 좋고."

단계가 낮은 책이 재밌다면 안전한 시작이다. 자신이 가지고 있는 이해력보다 어려운 책을 고르면 재미를 느낄 수가 없다. 지루하게 읽는다면 독서 습관은 절대로 터치다운을 일으키지 않는다. 책의 수준을 높이고 싶다는 욕망은 아이 마음 속에 기본적으로 내장되어 있다. 수준이 높은 책일수록 읽는 독서의 기쁨은 배가 되기 때문이다. 수준 높은 책은 이야기 구조가 훨씬 더 복잡하고 기묘하기 때문에 읽는 이를 긴장시키고 집중하게 한다.

독서는 토네이도와 같다. 둘 다 시작은 미약하지만 갈수록 엄청난 양을 빨아들여서 소화한다. 이보다 더 강한 바람을 찾기는 쉽지 않다. 다양한 종류의 책을 수준이 저절로 올라가면서 지식을 빨아들인다. 교과 연계 독서는 다음의 10가지 특성을 지닌다.

█ 교과 연계 독서의 10가지 특성

1. 독서 이전에 부모와 애착 관계가 중요하다(touchdown).

2. 좋아하는 부모가 책을 읽어주니 책이 좋아 보인다.

3. 부모가 그림책을 재밌게 읽어줘서 책이 좋아진다.

4. 아이마다 독서의 속도와 방향은 다르다.

5. 아이마다 좋아하는 책은 다르다.

6. 책 수준은 억지로 올릴 필요가 없다. 저절로 올라간다.

7. 배우는 모든 교과를 연결하여 돌아가며 읽는다.

8. 독서는 언제 어디서나 할 수 있다.

9. 독서는 연계 과목의 공부하는 시간을 단축시킨다.

10. 독서가 끝나면 스트레스가 줄고 마음이 진정된다.

5

◆ 독서는 아이 정서를 안정시킨다 ◆

어린아이가 많이 놀 수 있다는 것은 축복이다. 많이 놀 수 있으면서 공부도 잘할 수 있는 방법으로 독서만 한 것이 있을까?

독서는 학원 공부보다 자율적이고, 숙제도 없기 때문에 부담이 적다. 억지로 하는 것이 아닌 이상 독서는 호기심을 키우고 스트레스를 해소해 준다. 스토리에 집중하다 보면 현실의 어려움을 잊을 수 있어서 정신적인 여행을 하는 것과 같은 효과를 주기도 한다.

시간에 쫓기는 일상은 그만!
가족끼리의 시간도 챙기는 편한 일상!

나는 호주에서 영어교육학 석사 과정을 마쳤다. 당시 먼 친척 집에서 살았는데, 호주는 15세 미만의 어린이가 보호자 없이 집에 있을 수 없었다. 그래서 나는 친척 어른들이 집을 비운 시간 동안 아이들의 튜터(가정교사) 역할을 맡았다. 아이들의 생활은 항상 여유가 있었다. 학교 숙제는 단순해서 주로 독서와 발표 프로젝트를 준비했다. 아이들을 마을 도서관으로 데려가 책을 빌리게 하고 발표 준비를 도와주기도 했다. 매일 휴식과 놀이 시간이 많았다. 호주 친척집 아이들은 학원을 몰랐다. 90년대 당시 시드니에 한국인이 학원을 차렸다는 소문을 들었다. 한국인과 중국인들이 그 학원을 다니며 공부의 신풍조를 만든다고 했다. 호주 사회의 시선은 곱지 않았다. 호주의 학교에서는 수업시간에 아이들에게 책을 읽어주거나 스스로 읽게 하고 있었다. 아이들은 분주하지 않았지만 자신의 의사표현은 정확하게 했다. 수업에서는 질문이 열려 있고, 발표나 토론을 통해 말하기 연습을 할 수 있었다.

호주는 당시에도 저녁 4시면 회사 퇴근시간이었다. 옆집에 초대를 받아 놀러갔던 어느 날, 5시쯤에 아저씨가 집에 있어서 놀랐다. 아주머니가 먹을거리를 준비하는 사이 아저씨는 소파에서 아이들에게 책을 읽어

주고 있었다. 1층과 2층에서 잔잔한 클래식 음악이 흘러 나왔다. 온가족이 차분하게 대화를 나누는 모습이 무척 인상적이었다. 휴일이면 집 근처 공원에서 가족들이 모두 함께 천천히 걷거나 공놀이를 했다. 바쁘게 빨리 빨리 사는 것이 정답인 양 익숙하게 살았지만, 그곳에서 나는 느리게 천천히 살아도 행복할 수 있다는 것을 깨달았다. 이것은 내가 그리는 미래의 가족의 모습으로 자리 잡았다. 나는 나의 아이들을 독서로 느리게 키우는 상상을 했다.

독서는 공부도 잘하게 하면서 놀 시간도 준다. 독서는 아이들이 시간에 쫓겨 살게 하지 않는다. 독서는 집에서 편한 시간에 편한 자세로 할 수 있기 때문에 가족 공동 활동이나 대화 시간을 빼앗지 않는다. 오히려 독서를 통해 가족끼리 얘기할 공통의 관심사가 만들어진다.

취미는 자존감과 정신건강을 지켜준다

아이들이 자라는 속도를 보며 어른이 늙는 속도를 느낄 수 있다. 아이들은 순식간에 쑥쑥 자란다. 곧 그들이 주류인 세상이 되고, 우리 세대는 주류에서 빗겨나는 나이가 될 것이다. 어릴 때부터 좋아하는 취미를 즐기는 경험은 아이들의 자존감과 정신 건강을 지켜 준다.

큰아이는 초등 5학년, 작은아이는 2학년부터 태권도 학원을 다녔다. 태권도 생각을 하지 못하고 있다가 태권도복을 입은 아이들이 집 근처에서 밝은 표정으로 돌아다니는 것을 보고 딸들에게 권했다. 쭈뼛거리는 큰아이에게 "첫 날 가봐서 재밌으면 계속 다니고, 별로면 안 가도 돼." 라고 말해서 긴장감을 빼주었다. 관장님에게 아이가 낯을 많이 가린다고 미리 귀띔해 드렸다. 도장에 다녀온 두 아이는 너무 재밌다면서 계속 가겠다고 했다. 그 후 태권도를 꾸준히 했고, 큰아이는 대학교 1학년까지 다녔다. 땀에 흠뻑 젖어 집에 돌아온 아이의 상기된 얼굴을 보면서 운동은 참 좋은 역할을 한다고 생각했다. 태권도를 하면서 큰아이는 수줍음과 소심함을 많이 이겨냈다. 주변 엄마들은 태권도를 다닐 여유가 있냐고 묻곤 했지만, 독서를 하고 있어서 조바심은 들지 않았다.

두 아이의 공통 취미는 그림 그리기였다. 집안에는 언제나 A4 용지가 쌓여 있었다. 애기 때부터 매일 그렸다. 문제집이나 교과서 여백마다 그림이 그려져 있었다. 어느 날 자기 감정을 잘 설명하는 편인 작은아이에게 물었다.

"그림 그리는 건 어떤 기분이야?"
"그림을 그리면 행복해져요. 스트레스도 막아주고, 스트레스가 생겨도 그림을 그리면 싹 없어져요."

벽에 전지를 이어 붙여서 마음껏 그리게 했다(첫째)

이렇게 시작한 그림이 어느 수준에 이를지 이때는 전혀 예상하지 못했다(둘째)

앞으로 우리는 정신적인 스트레스가 심한 시대를 살 것이다. 작은아이의 대답을 듣고 그림이 그런 역할을 한다면 평생 취미로 삼으면 좋겠다고 말해주었다. 평생 행복하게 살게 해주는 취미라니 그야말로 복이 넝쿨째 굴러 들어온 것 아닌가! 앞으로 아이들의 그림 그리기를 막지 말자고 마음먹었다.

딸들은 시험 공부하는 동안에 그림을 더 많이 그렸다. 공부 중간에 웹툰과 애니메이션을 보느라 10분이면 할 공부량을 몇 시간을 앉아서 했다. 장기적으로 보면 취미를 즐기면서 시험공부를 하기 때문에 스트레스를 받지 않아서 좋기도 하다. 아직 어리기도 하고 진짜 공부는 대학 이후에 시작되는 거라고 믿었다. 평생 공부하는 시대니까 처음에 지치면 손해이지 않은가! 이렇게 불씨를 꺼뜨리지 않고 이어온 1만 시간 이상의 즐거움은 지금 결실을 보고 있다. 이 책의 표지를 작은아이가 그려주었다. 취미가 밥벌이가 될지 그냥 계속 인생 취미가 될지 누구도 모를 일이다. 독서가 취미였기 때문에 그림까지 취미로 지킬 수 있었다.

좋은 대학을 목표로 어린 시절 공부한 기억밖에 없다는 우등생을 여럿 만났다. "전 어렸을 때 생각하면 공부한 기억밖에 없어요." 공부를 잘하는 아이들이지만 행복했다고 회상하지는 않았다. 자기 아이들은 그렇게 키우고 싶지 않다고 말한다. 매일 학원을 다니고 숙제를 하다 보면 가장 소중한 가족끼리 웃으며 대화할 시간이 적다. 가족 여행도 제한적이다. 공부를 잘하는 아이들도 가장 하고 싶은 일은 친구들과 놀기다. 스마트폰이 아무리 재밌다 해도 친한 친구와 노는 것보다 덜 재밌다.

어린 시절의 행복은 평생을 밝게 사는 원천이 된다. 어떤 상황에서도 행복을 느끼는 능력을 꼭 갖게 해주고 싶었다. 어려서부터 몰입할 취미를 가진다면 평생 정신을 건강하게 유지하는 데 도움이 될 것이다.

코로나 이후 우울증을 앓는 아이들이 급속히 늘었다. 마음이 시키는 일을 하는 사람은 행복해진다고 한다. 학교에서, 학원에서, 집에서까지 매일 하는 의무 공부가 아이들에게 취미를 갖지 못하도록 막고 있다. 어린아이들이 하고 싶은 재미를 계속 미루다 보니 쉽게 마음이 무너져서 우울감을 느낀다. 마음이 시키는 일을 하면서 살아야 행복하다.

독서로 사춘기 스트레스를 잠재우자

삶은 아이들이 대학을 합격하는 것으로 끝나지 않는다. 오히려 고등학교 졸업은 더욱 복잡하고 큰 문제들이 계속 발생하는 환경으로 들어가는 문이다. 영유아기에 부모가 잘해줬던 기억은 아이들의 기억에서 사라진다. 사춘기 전후 대화와 태도는 평생 부모와 자식 간의 관계 패턴으로 굳어질 수 있다.

거친 사춘기가 꼭 거쳐야 하는 필수 과정은 아니다. 사춘기의 반항은 '이대로는 싫다!'라는 반응이다. 사춘기에는 학원을 다니지 않더라도 몸이 급하게 성장하느라 피곤하고 잠이 쏟아진다. 자신의 몸과 마음의 상태를 거슬러서 종일 공부에 시달리다보니 마음에 짜증이 늘 가득한 상태다. 그런 때에 무언가를 더 요구하는 부모의 말에 자기도 모르게 화를 버럭 내는 것이다.

이때 아이 자체를 비난하기보다 상황을 개선하고자 하는 마음으로 접근해야 관계를 개선할 수 있다. 즉 아이가 학원 다니기 싫다고 짜증을 낸다면, 당분간이라도 다니는 학원의 양을 줄여주는 것이 좋다. 신체적으로 편해지면 짜증의 강도는 줄어든다. 잠을 충분히 잘 수 있게 해도 상황이 좋아진다. 무엇을 하라고 요구하는 대신 부모가 잠시 멈춰서 "네 생각은 어떠니?"라는 질문을 적극적으로 해서 문제 해결에 아이 의견을 반영하려는 노력이 필요하다.

누구에게나 시험 스트레스는 있다. 하지만 나와 딸들은 느긋하게 보냈다. 딸들은 시험 기간이 되면 공부 빼고 다 재밌다는 말을 했다. 방청소도 하고 싶어지고, 읽기 싫었던 책도 읽어보고 싶다고 했다. 시험이 끝나면 며칠은 완전한 자유 시간을 가지게 했다. 집에 돌아온 아이들은 읽고 싶었던 책으로 빠져들었다. 핸드폰으로 만화를 보며 키득거리는 일도 좋아했다. 독서는 아이들에게 공부가 아닌 즐거운 놀이였다.

우리집 두 딸들의 어린 시절은 독서 덕택에 느긋하고 행복했다. 나는 다시 태어나도 독서라는 공부법을 채택할 것이다. 이번 생보다 독서를 더욱 소중하게 여길 것 같다. 독서는 시험 성적에서도 사교육에 밀리지 않으면서도 정신적인 많은 가치를 주기 때문이다. 독서가 학원 공부보다 부족하다는 것은 사실이 아니다. 막연한 불안감을 버리고 책에 몰입하게 하자.

느긋해보이지만 성취와 여유를 동시에 얻는 공부법!

독서는 다른 사람과 비교하지 않고 사람을 성장시킨다. 나이 50을 넘어보니 '100년 인생도 한순간이겠구나.' 하는 생각이 자주 든다. 많은 사람들이 어려서부터 배워 뼛속까지 스며든 '비교, 경쟁하는 습관'을 벗어던지지 못하고 계속 남의 눈을 의식하며 산다. 태어나서부터 20년간 배운 습관, 그것도 인생 초반에 배운 습관이라면 바뀌기가 쉽지 않다. 아이들은 한창 자신의 장점과 가치를 발견해야 할 시간에, 친구들보다 잘하거나 못한다는 비교에 민감해져 우정도 자존감도 담을 수 없는 사람으로 자라고 있다. 독서는 남과 비교하지 않고도 있는 그대로의 나에 만족하게 한다.

독서는 가장 효율적인 공부법이다. 아주 가끔 독서로 아이들이 공부를 했다는 분들을 만날 수 있었다. 이렇게 좋고 편한 공부법을 놔두고 왜 아이들을 공부지옥으로 몰아넣는지 모르겠다고 세상을 탓하기도 했다. 이 나라 모든 학교에서 수업시간에 독서가 실시되는 날, 지금의 가혹한 입시지옥을 '청소년들의 암흑기'에 비유할 지도 모른다.

사교육을 대신하는 독서는 가끔 한두 권 읽는 독서와는 다르다. 독서가 취미라는 것은 시켜서 읽는 수준을 뛰어넘는다. 스스로 너무나 읽고 싶어 한다. 딸들은 같은 책을 읽고 서로 생각을 나누기도 했고, 서로 읽었던 책을 권하기도 했다. 어느 책을 읽을 것이냐는 스스로 결정했기 때문에 저항이 없었다.

독서는 과목별로 나누어 범위를 정해서 배우는 학원 수업보다 지식 확장성이 큰 공부법이다. 어려운 영역을 스스로 해결할 수 없다면 학원을 잠깐 이용하거나 과외를 활용할 수도 있지만, 유료 무료의 인터넷 강의가 지천인 세상이니 활용하자. 시험 공부를 하다 보면 나오는 어려운 챕터만 유튜브나 인강으로 보충해도 좋다.

아이를 잘 키우신 분들은 "다 소용없어. 어렸을 때는 그냥 놀려!"라는 말을 자주 하신다. 경험자의 지혜가 묻어나는 말이다. 지나고 보면 동동

거리며 걱정했던 시간이 아깝다. 부모가 했던 걱정의 대부분은 시간이 해결해준다. 아이들은 매일 성장하기 때문이다. 어린 시절의 기억은 행복이 가득한 시간으로 꽉 차길 바란다. 독서는 보기에는 느긋하지만, 공부 성취와 여유를 동시에 얻는 실속 있는 공부법이다.

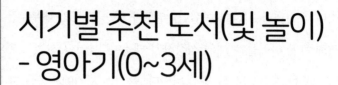

시기별 추천 도서(및 놀이) - 영아기(0~3세)

　다독으로 공부도 잘하고 행복하게 어린 시절을 보내려면 영아기 때 부모와 애착형성을 잘해야 한다. 아기는 자신이 충분히 사랑받고 있다는 느낌이 들면 정서적으로 안정된다. 신뢰할 수 있는 부모 자녀 관계는 저절로 오는 것이 아니라 적절한 노력으로 달성하는 것이다. 영아기(0~3세)에 부모와 아이가 팀 워크를 다지며 행복한 시간을 보낼 수 있는 도서와 놀이를 소개한다.

국어
놀이 : 버튼 사운드북, 모든 그림책, 팝업북, 천으로 만든 책, 스티커북, 동식물 이름, 꽃 이름, 과일 이름

시리즈 : <너는 특별하단다>

낱권 : 『배고픈 애벌레』『무지개 물고기』『네 기분은 어떤 색깔이니?』『누가 내 머리에 똥 쌌어?』『안아 줘!』『사랑해 사랑해 사랑해』

영어
시리즈 : <Pingu> <Caillou> <Pat and Mat> <Maisy>

낱권 : 『The Very Hungry Caterpillar』『The Rainbow Fish』

수학
놀이 : 벽에 붙이는 1~100 숫자판, 자석 숫자, 셀 수 있는 조약돌들, 레고블록, 칠교, 조각 퍼즐, 가베

과학

놀이 : 자석놀이, 바람개비, 오뚜기, 비눗방울, 실전화기, 풍선불기

사람

놀이 : 소꿉놀이, 인형놀이, 숨바꼭질, 산책, 인사하기, 놀이터 가기, 친구 사귀기,
　　　 부모님 도와주기, 안아주기, 숨은 그림 찾기

기타

놀이 : 실로폰, 탬버린, 클레이, 색칠놀이, 그림 그리기, 공놀이, 만들기, 손놀이,
　　　 동요 CD, DIY 세트

▎영아기의 핵심 – 믿을 수 있는 부모로 인식되기

믿을 수 있는 부모로 인식되는 10가지 활동	
1	많이 안아 준다
2	눈을 마주 보고 대화한다
3	결과보다 과정을 칭찬한다
4	아이끼리 비교하지 않는다
5	아이의 질문에 성의껏 대답한다
6	아이의 말을 경청하고 공감한다
7	엄마 아빠가 다정하게 지낸다
8	기분 좋아지는 농담과 유머를 사용한다
9	가족끼리 게임과 놀이를 한다
10	가족이 산책이나 여행을 자주 한다

제2장

아이들이 독서를 싫어하는 5가지 이유

모든 아이는 독서를 좋아할 수 있는 잠재력이 있다. 그럼에도 불구하고 아이가 독서를 싫어한다면, 인식하든 하지 못하든 싫어하게 된 이유가 있다. 나는 많은 아이를 독서 지도 하면서 독서를 싫어하는 이유를 찾고 교정하는 일에 집중했다. 책읽기를 싫어한다던 아이들의 입에서 "재밌었어요."라는 말이 나오게 하는 과정을 즐겼다. 책을 보기 싫어한다는 아이들이 재밌는 책을 만나 즐기다 보니 책벌레로 변화하는 과정도 지켜보았다. 이미 싫다는 느낌이 있는 대상을 좋아하게 되는 것은 쉽지 않다. 마음을 돌리려는 노력이 없다면, 평생 독서와 담을 쌓고 살 수도 있다. 다독으로 아이 공부를 시키려면, 아이가 독서를 싫어할 환경을 만들지 않아야 한다.

1

✦지나친 피로✦
공부에 지치면 독서할 수 없다

몸이 피곤하면 하던 일이 귀찮아진다. 아이들도 마찬가지다. 아이들은 놀고 싶지만 매일 학원에 가야 하고 해야 할 숙제는 많으니 놀 수가 없다. 갈수록 학원 의존도가 높아진다. 점점 더 어린 나이부터 학원을 이용한다.

공부는 노동이 되어버렸다. 성취감을 느낄 일이 없다. 지친 아이들에게 독서할 마음이 생길까?

몸과 마음이 편해야 공부도 독서도 쉬워진다

작은아이가 초등학생이 되면서 엄마의 역할이 점점 늘어났다. 그 무렵 회사를 그만두기로 했다. 퇴사하면서 전공인 영어로 목동에 독서하는 영어 교습소를 차렸다. 일과 엄마의 역할을 반반씩 하면 양쪽이 서로 시너지를 낼 수 있었다.

아이들 독서 습관을 잡기 가장 편한 시기는 유치원 때다. 영유아기를 거쳐 책 읽어주는 일은 거르지 않았다. 한 권 한 권을 재밌게 읽어주었다. 이렇게 초등학교 졸업할 때까지 잘 키운 독서는 열 학원이 부럽지 않을 것이란 자신감이 있었다. 딸들의 독서는 습관이 되었다. 영어도 독서면 충분하다는 자신감이 있었다. 좋아하는 장르를 찾아 몰입하는 순간부터 질주했다. 독해력 테스트인 수능 영어는 딸들이 즐기고 있는 책 수준 아래로 들어왔다. 영어도 국어처럼 공부의 영역에서 살짝 벗어날 수 있게 된 것이다. 다만 영어를 한글 수준 이상 올리겠다는 욕심은 없었다. 영어 독서 수준을 한글 독서 수준보다는 낮게 하여 뒤따라가는 게 무리가 없기 때문이다. 그렇게 수학을 뺀 모든 과목이 독서의 지휘 아래에 들어왔다.

독서도 공부도 억지로 하게 되면 탈이 난다. 수업과 상담으로 아이들을 꾸준히 관찰하면서 치쳤거나 마음이 불편한 상태에서는 독서조차도 제대로 이뤄지지 않는다는 점을 알 수 있었다. 매일 한 개 이상의 학원을 다니는 상태에서 독서를 끼워 넣으려 하면 독서는 유명무실해졌다. 이 경우 아이들은 이미 지쳐서 뭔가를 더 할 마음이 없기 쉬운데, 엄마가 독서를 끼워 넣으면 자발적인 독서가 아니기 때문에 집중도 못하고 오래 지속하기 어려웠다.

"엄마, 저는 매일 1시간씩 친구들이랑 노는 것보다 어떤 날에 하루 종일 노는 게 더 좋아요."

초등 고학년이던 작은 딸이 이렇게 말했다. 이유를 궁금해서 물었다. 그랬더니 대답을 하는데, 듣고 나니 그렇겠다 싶었다.

"왜냐하면 1시간을 논다고 해도 그 뒤에 할 일이 있으면 노는 동안 내 내 마음이 불편해요. 차라리 토요일이나 일요일에 하루 종일 노는 게 신경 쓸 게 없으니까 진짜 논 것 같아요."

노는 일도 다른 일과 겹치면 마음이 불편한데 학원과 숙제 사이의 독서에 어찌 즐거움을 느끼거나 몰입할 수 있겠는가. 실제로 이미 다니는 학원에 부담을 갖고 있는 아이들은 독서에 집중하지 못했다.

놀 시간이 없는 나영이
- 지치면 독서도 공부도 없다

"쌤, 저는요. 학원이랑 공부하는 거 다 합치면요, 18개예요."

"정말?"

"네. 제가 한 번 세어 볼까요? 국어 학원이랑 학습지, 수학 학원이랑 학습지, 영어 학원이랑 학습지, 원어민 회화, 영어 책 읽기, 일본어랑 중국어 학습지, 글짓기, 역사, 한자, 피아노, 미술, 생활체육, 태권도, 스피치. 18개 맞죠?"

매일 엄마가 짜준 여러 학원이 나영이의 스케줄이었다. 저녁에 집에 가면 저녁을 먹고 곧 숙제를 해야 한다. 초등학교 3학년 나영이는 쉬는 시간이 없어 보였다. 나영이는 자주 멍한 눈으로 앉아 있었다. 우리 교습소에서는 영어 원서 읽기를 했다. 처음엔 나영이도 영어 책을 열심히 읽어 보려 했지만 잘 집중하지 못했다.

너무 많은 공부 활동으로 친구들과 놀지 못하는 아이들은 그 스트레스로 이상한 행동을 하기도 한다. 스트레스가 많은 초등 4학년 남자 아이가 교습소에서 기르던 토끼를 몰래 때리는 것을 보고 놀라기도 했다. 친구와 놀 기회가 없던 나영이는 친구를 갖고 싶었다. 같은 반 수연이와 단짝이 되고 싶었다. 어느 날 나영이는 수연이의 친한 친구들을 화장실로 한 명씩 불러냈다.

"○○아, 수연이가 그러는데 너 되게 재수 없대!"

"어, 진짜? 왜?"

"너 엄청 잘난 척 한다고 싫대…. 근데, 오늘 얘기한 거는 비밀이야. 알았지? 약속!"

친했던 친구들이 갑작스럽게 쌀쌀하게 돌아서는 것을 본 수연이는 너무 놀랐다. 친구들이 왜 갑자기 변했는지 알 수 없었던 수연이는 학교 가는 게 무섭다며 울었다고 한다.

며칠이 지나고 나영이가 꾸며낸 일은 들통이 났다. 수연이와 친구들을 이간질한 나영이가 수연이와 매일 놀고 있었기 때문이었다. 나영이는 친구들과 더 섞이지 못하고 반에서 외톨이가 되었다.

나영이는 표정이 어두웠다. 공부 시간은 길었지만, 어느 것에도 집중하지 못했다. 매일 과목별 학원을 보내고 좋은 성적을 기대하지만 결과는 좋지 않다. 억지로 시키는 공부는 동기부여가 되지 않는다. 아이는 공부하지 않을 기회를 엿본다. 유치원이나 초등학교 저학년부터 여러 학원을 전전하는 아이들은 일찍 공부에 질려버린다. 나영이는 그 후 공부에 흥미를 더 잃었고 심한 사춘기를 겪었다.

스스로 결정한 일이어야 즐겁고 열정이 생긴다. 컨베이어 벨트에서 똑같은 물품을 찍어내듯 아이를 여러 학원으로 돌린다고 해서 아이가 공부에 집중할 거라 생각하면 오해다. 독서도 마찬가지다. 독서가 아이의 취미가 되는 조건은 첫째도 둘째도 셋째도 재미다. 독서가 재밌으려면 책을 읽을 때 마음이 편안해야 한다.

"어머니는 읽기 싫은 책을 누가 자꾸 읽으라면 어떠시겠어요?"라고 물어보면 엄마들도 "싫죠!"라며 공감한다.

독서도 엄마의 코칭이 필요하다. 읽고 싶은 책을 함께 찾아 주고, 읽고 싶은 시간과 장소를 마련해 주어야 한다. '책이 재밌다'는 경험이 반복되면 다음 책이 기대된다. 읽을 책과 읽을 시간과 장소를 일일이 지정하면 독서에 대한 거부감이 먼저 들어서 책을 아예 읽지 않는 아이가 될 수 있다. 거부감이 들지 않게 하는 것이 지름길이다.

대치동 초6의 하루 공부시간은 56시간?

유명 인터넷 맘카페에서 눈에 띄는 제목의 글을 보았다. 작성자는 교육 1번지인 대치동의 학원 강사라고 자신을 소개했다. 지도 중인 한 초등

6학년생의 공부 시간을 계산한 내용이었다. 학교 수업과 사교육, 숙제 시간을 모두 합하여 일주일 총 공부 시간을 구한 다음 7로 나누어 아이가 모든 것을 다 마치려면 하루에 몇 시간이 필요한지 계산해 봤다고 했다. 그 아이에게 하루에 필요한 시간은 56시간이었다. 그것도 편의상 매일 8시간 자는 것으로 하고, 노는 시간은 없다고 가정한 계산이었다.

순식간에 탄식과 우려의 댓글이 쏟아졌다. 앞에서 이야기한 목동의 나영이와 대치동 6학년 아이는 우리 시대 부모들이 아이들을 교육하는 평균적인 방식이다. 아이 공부 시간을 최대한으로 늘리면, 공부를 잘할 것이라는 생각이다. 아이가 공부 기계가 아니니 빨리 지칠 텐데….

비슷한 시기 어느 날, 유튜브가 추천한 영상을 보았다. 우리나라 학원에서 영어를 가르쳤던 외국인 강사가 올린 영상이었다. 우리나라 아이들의 공부하는 모습을 몇 년간 관찰한 소감을 밝히고 있었다. 대치동 아이들이 늦은 밤이나 새벽까지 학원가를 이동하며 공부하는 모습을 보며 '집단적인 아동학대' 같이 생각된다고 말했다. 그의 말을 부정할 수 없었다.

차라리 학교 가는 게 더 낫다면서 방학을 싫어하는 아이들이 많다. 방학엔 학교 다닐 때보다 더 많은 시간을 공부해야 해서 힘들다고 말한다. 우리가 자랄 때는 학교가 끝나면 친구들과 노을이 질 때까지 뛰어 놀았다. 매일 쉬지 않고 일하시는 부모님이 안쓰러워 '나도 공부를 열심히 해야겠다'는 생각이 들 때까지 충분히 놀 수 있었다. 하지만 지금은 아이들이 철이 들 때까지 기다려주지 않는다. 주변에 친구들 역시 대부분 학원을 다녀 보내지 않기가 어렵기도 하다. 이쯤 되면 독서의 적은 학원 공부인 셈이다.

독서 권리를 빼앗긴 영재들

똑똑한 영재들이 독서할 권리를 빼앗겼다. 영재고, 과고, 전국 자사고 등의 특목고를 합격하기 위해 어린 나이부터 새벽까지 기출 문제를 푸는 영재들의 모습을 보며 걱정이 많았다. 얼굴엔 피로가 가득하고 발걸음은 지쳐 있다. 똑똑한 그 아이들의 창의성이 집단적으로 말라가는 현장을 지켜보며 나는 슬펐다. 나라의 미래를 짊어지고 갈 아이들인데, 고작 고등학교를 가기 위해 수학 과학 심화 문제나 다량으로 풀게 하다니.

똑똑한 아이들에게 독서할 시간을 주고 토론을 해야 생각을 정리하고 키울 수 있다. 문제 풀이 경쟁에서 성적만 신경쓰다 보니, 호기심을 뒤로하고 입시에 매달린다. 이미 똑똑한 아이들이 영재로 선정되기 위해 극심한 경쟁에 시달리고 있다. 그 경쟁은 점점 더 이른 나이부터 시작되고 있다. 누군가 멈춰야 한다고 말하지만, 아이 교육에서 부모가 멀리 보기란 너무 어려운 일이다.

독서가 가족, 사회, 학교에 깊숙이 파고든 유대인들의 하브루타 문화
가 부럽기만 했다. 독서와 토론이 일상이 된 유대인들은 모든 영역에서
두각을 나타낸다. 경쟁을 모티브로 삼지 않고 자신의 호기심을 채우고
지속적으로 토론하면서 생각이 성장한다. 세계 무대에 나가면 우리나라
아이들은 문제를 가장 빨리 푼다. 하지만 창의적인 아이디어를 내지 못
한다. 우리 아이들도 독서와 토론이 자연스런 교육 환경에서 자란다면
능력도 더 커지고 행복감도 놀랍게 늘어날 것이다.

늦은 시간까지 문제 풀이를 시키기 않는다면 영재아들은 스스로 뭔가
를 할 것이다. 왜 그 아이들을 같은 장소에 몰아넣고 정답이 정해진 문제
를 풀게 하면서 그릇이 크지 못하게 할까? 수학이나 과학의 호기심을 채
워주는 활동을 할 수 있게 해야 한다. 체계로 사람을 묶어 놓고 개인을
나무라지 말아야 한다. 영재원, 영재고에 합격하는 데에 사교육은 거의
필수처럼 되어 있다. 교육을 걱정하는 사람들은 모두 영재들이 좋은 책
을 읽고 토론할 수 있는 환경이 갖춰지기를 갈망한다. 우리나라 사람 중
노벨상을 탄 사람이 없는 이유를 나는 일찍부터 공부에 지친 많은 영재
들을 보면서 저절로 이해할 수 있었다. 영재들에게 독서할 권리를 돌려
줘야 한다!

2

◆디지털 중독◆
즐거운 일이 없다는 뜻

　요즘 아이들은 역사상 가장 편안한 집에서 가장 풍성하게 먹고 살지만 가장 불행하다. 편한 것은 몸이고 불행한 것은 마음이다. 눈 밑으로 다크 서클이 선명하게 진 피곤한 아이들의 눈에는 총기가 없다. 스마트 기기에 빠진 아이들은 새벽 2~3시에도 깨어 있다. 밤을 꼬박 새우기도 한다. 코로나 시기에는 이런 현상이 더 심해졌다. 낮에는 자고 밤에는 깨어 있는 올빼미족이 늘었다. 아이들과 부모의 마찰이 심해지면서 우울증을 가진 아이들이 늘고 있다. 스마트 기기에 빠지는 순간 독서는 안녕이다.

아이들은 왜 스마트폰과 게임에 빠질까?

"아이고, 그 노력을 공부에 들였으면 서울대를 갔겠다. 서울대!"

부모님들이 스마트폰과 게임에 빠진 아들에게 보내는 비난이다. 한 번 빠져들면 나오는 데 최소 2년은 걸린다는 롤(LOL) 게임은 실로 어마어마한 집중력과 분석력을 요구하는 게임이다. 잘하려면 공부에 집중하는 아이들 이상으로 시간과 노력을 들여야 한다. 롤 게임을 잘하는 아이들이 집중력이 좋고, 전략을 재빠르게 사용하는 것을 보면 공부머리도 좋다. 가능성이 있는 아이들이 공부는 안 하고 게임만 하니 부모의 심정은 타들어 간다.

'왜 아이들은 밤잠도 못 자면서 게임에 빠져드는 것일까?'

아이들에게 왜 게임을 하는지 물었다. 게임은 '인간관계'나 혹은 '친구 사귀기'라고 답했다. 게임은 혼자 하기도 하고, 친구들과 대결도 하고, 친구와 같은 팀으로 상대팀과 대결도 한다. 게임은 재미를 주고, 친한 친구를 만든다. 밖에서 함께 뛰어 놀던 우정은 온라인 우정으로 바뀌었다. 온라인 친구가 현실의 친구가 된다.

아이마다 학원 시간이 다르니 여러 명이 만나서 놀기가 어려운 환경이다. 온라인 게임을 함께 하지 않으면 친구 사귀기가 어렵다. 친구 따라 강남 간다는 그 시절의 아이들은 스마트 세상에 더 절실하게 매달린다. 게임은 아이들의 사회생활이다. 게임 실력을 쌓아야 인정을 받는다. 같은 팀이 됐을 때 욕먹지 않으려면 실력을 키워야 한다. 학교와 학원에서 수업을 마치고 피곤한 저녁 시간에 게임은 휴식과 재미를 주고 친구를 만든다.

스마트폰에 왜 그렇게 빠져 사냐고 물었다. 사는 게 도무지 재미가 없다고 한다. 스마트폰이 없으면 도대체 무슨 재미로 사냐며 반문하는 답변도 많다. 먹고 자고 입는 일이 자유로운 사람은 누구나 재미를 찾는다. 하지만 요즘 아이들은 밖에 나가서 놀 시간도 없고, 나가도 친구를 만나기 어렵다. 모두가 각자 다른 학원에서 바쁘기 때문이다. 학교, 학원을 빙빙 돌며 끝나지 않는 숙제를 원망한다. 원치 않게 들어간 다람쥐 쳇바퀴 속에서 무료하다. 저녁이면 잠을 희생해서라도 놀면서 쉬고 싶다. 시간이 아까워서 잠자기 싫다는 말도 한다. 부모님은 내일 학교에 가야 하니 일찍 자라고 하거나, 혹은 게임할 시간에 공부나 숙제를 하길 바란다. 동상이몽으로 부모와 아이들이 말다툼을 벌인다. 부모 세대는 아이들의 마음을 놓치고 있다.

우리가 또 놓치는 것이 있다. 만약 게임하기 전에 설명 매뉴얼을 읽고 시험을 통과해야 게임을 할 수 있다면 어떨까? 매뉴얼을 읽다가 포기하는 아이들이 대부분일 것이다. 게임도 공부처럼 잘하기 위해서는 많은 규칙과 전략을 알아야 한다. 사실상 게임 규칙을 공부하려면 초등학교 공부보다 더 어렵다. 그런데도 게임이 재밌는 이유는 설명이 많지 않고 실제로 직접 해보면서 조금씩 발전할 수 있게 만들어졌기 때문이다. 게임 회사들은 어떻게 하면 사람들이 자연스럽게 게임에 빠져들 것인지를 열심히 연구한 것 같다. 열심히 하면 보상이 즉각적이고 확실하다. 실패를 했어도 꾸중이 없으니 주눅 들지 않고, 실패에서 배워서 곧바로 다시 도전하고 싶은 마음이 생긴다.

아이들이 게임에 빠져 있는가? 산책이라도 함께 하면서 게임이 왜 그렇게 좋은지를 물어보자. 다그치는 것이 아니라 진심으로 궁금해보자. 게임을 문제로 삼지 않고, 게임에 대한 내 아이의 대답을 통해 아이 마음이나 성향을 파악할 수 있다. 자기들이 하는 게임의 이름을 물어주고, 캐릭터에 반응하고 전략은 무엇인지 물어보기만 해도 과묵하다던 아이들은 조잘 조잘 깔깔 댄다.

아이들이 조절할 수 있도록 도와주자

공부나 독서를 시키고 싶다면, 하라고 설명하거나 명령하는 대신 작은 실천 하나에 칭찬하라.

게임에 완전히 빠진 아이의 관심을 게임에서 공부로 전환시킬 수만 있다면 공부도 잘 할 수 있다. 부모의 바람처럼 게임에 바치는 시간을 독서나 공부에 빠지도록 하려면, 게임 회사가 아이들의 심리를 파악하고 유혹하는 법을 알 듯이 아이들의 마음을 읽으려고 부단히 노력해야 할 것이다.

엄마나 아빠가 함께 게임을 하는 것도 좋은 방법이다. 이런 가정에서 아이들은 게임 시간을 절제하려는 노력을 보이고, 중독으로 빠지지 않는다. "아들, 독서 1시간 하는데 게임 1시간을 부여하는 거 어때?"라고 제안해 보는 것은 어떨까? 게임 시간을 노력으로 따내는 성취감도 얻고, 공부와 행복 두 가지를 다 가지는 좋은 거래가 될 것이다.

우리집 두 아이가 영유아일 때는 인터넷은 발전했어도 스마트폰은 아직 없던 시기였다. 독서와 공부를 방해하는 요인이 훨씬 적었던 셈이다. 그러나 초등 고학년이 되었을 때 나는 아이들에게 스마트폰을 사줬다.

이미 독서를 좋아하니 괜찮을 것이라고 생각했다. 하지만 스마트폰은 이미 좋아하던 독서와 계획한 공부마저 할 수 없을 만큼 강력한 흡입력이 있었다. 점점 스마트폰 사용시간이 늘어 걱정했다. 아이들 역시 스마트폰을 사용하는 동안은 즐겁지만, 갈수록 할 일을 미루는 자신이 마음에 들지 않는 눈치였다.

나는 평소에는 사용량을 스스로 조절하게 하되, 시험 2주 전부터는 휴대폰을 엄마에게 맡기는 것이 어떠냐고 제안했다. 아이들은 동의했다. 고등학교 때까지 그 패턴을 유지했다. 그렇지 않았다면 시험공부에 차질이 생겼을 것이다. 아이들은 절제하지 못한 자신에 대한 실망감도 느낀다. 따라서 산책을 하거나 외식을 하는 등 집안을 벗어나서 자연스럽게 스마트폰 사용이나 게임을 하면서 걱정은 없는지, 어떻게 하면 조절할 수 있을 것 같은지를 아이에게 물어보라. 아이들은 줄이는 방법도 알고 있다. 방법을 생각한 아이를 칭찬하고 엄마도 도와줄 테니 해보자고 의견을 모으자. 잘했을 때 칭찬해야 선순환을 만든다.

어른도 빠져들면 조절하기 힘든 스마트폰 사용이다. 아이들이 스스로 조절하는 일은 어렵다는 것을 우선 이해하자.

디지털 중독 벗어나기

꾸중으로 아이를 변화시킬 수 없다. 과도한 스마트 기기 사용에 대해 잔소리를 계속한다고 상황이 개선되지 않는다. 부모와 아이 사이에 갈등만 심해진다. 부모님이 자신을 믿어주지 않으니 자존감도 떨어진다. 그럴수록 더 반항 충동을 갖는 것이 사람의 특성이다. 누구나 자신이 잘못했더라도 존중은 받고 싶다.

절제하지 못하는 자신을 한심하게 생각하며 실망하기도 한다. 그런 순간에도 부모가 잘못했다고 비난하면 반항심은 저절로 일어난다. 속상한 마음에 게임에 더 몰두하면서 악순환으로 빠지는 것이다. 부모가 말하는 내용이 다 맞아도 비난으로는 절대로 아이의 행동을 바꿀 수 없다. 비난에 반발심이 드는 것은 부부사이, 부모 자식 사이, 다른 어떤 인간관계에서도 마찬가지 아닐까?

있는 그대로 바라보자. 아이가 바뀌는 게 아니라 부모가 바뀌는 것이 관계 회복의 정석이다. 남들을 의식하지 않고 자기 마음을 따르면 그게 곧 행복의 길이다. 늘 남과 비교하여 우위에 서는 것을 행복이라 배운 우리들이 갖기 어려운 태도다. 마음을 탁 바꾸면 부족한 이 상태에서 모두 행복해질 수 있다. 부모가 아이들이 빠져있는 게임에 마음을 열어보자.

"아빠도 게임 좀 가르쳐 줘 봐." 혹은 "어떤 게임이 우리 아들 마음을 뺏어간 건지 엄마도 좀 알려줘라."라고 환한 얼굴로 물어보시라. 아이들이 좋아하는 게임을 판단하지 말고 그것에 함께 빠져 보자. 왜 아이가 그 재미에 빠지는지 탄성을 지르게 될 것이다. "쉽게 생각했는데, 진짜 어려운데? 너는 어떻게 레벨이 높은 거야? 어떤 전략을 쓰는 데 이렇게 잘해?"

엄마 아빠는 배워도 못할 것 같은 능력을 아이는 발휘하고 있다. 복잡한 규칙을 다 지키며 현란하게 손을 움직이는 아이의 집중력과 전략에 환호해 보자. 아이는 금세 마음을 열고 자신의 일상을 공개할 것이다. 너무 골이 깊어 은둔형 외톨이가 되거나 대화 없이 몇 년을 산다는 가족이 남의 일만은 아니다. 그 아이들은 삶이 재미가 없는 것이다. 악순환을 선순환으로 돌리는 열쇠는 아이에게 있는 것이 아니라, 어이없겠지만 부모에게 있다. 디지털 중독 상태에서 독서는 불가능하다. 디지털 기기가 주는 쾌감이 독서를 능가하기 때문이다. 디지털 기기에서 탈피하려면 즐거운 활동으로 대체되어야 한다. 좋은 얘기만 하며 떠나는 가족 여행이나 친구들과 몰려서 뛰노는 일 같은 활동이 그것이다.

디지털 기기를 과도하게 사용하는 아이들이 사용을 줄이고 싶다며 도움을 요청할 때가 있다. 스마트폰을 맡기기도 하고, 폴더폰으로 바꾸기도 하고, 사용량을 제한하는 앱을 사용하기도 한다. 그리고 수업시간에 좋은 원서 책을 읽고 토론한다. 스스로 정한 목표라 실천의 기쁨이 크다. 집에서 읽을 한글 책도 함께 정해보고, 영어 원서를 읽고 오는 숙제를 내기도 한다. 담배, 술, 마약 등 모든 중독이 그렇듯이 혼자서 이겨내기는 쉽지 않다. 처음 단계에서는 믿어주고, 이끌어주고, 작은 발전에 칭찬하고, 실패에 너그러운 관계와 환경이 꼭 필요하다. 최소 30일간 디지털 기기를 최소한으로 사용(digital minimalism)하겠다는 목표를 정한다. 중독에서 벗어나려면 1개월~3개월이 걸린다.

독서는 뇌를 차분하게 가라앉히고 작가가 펼치는 세계 속으로 집중하며 즐기는 것이다. 즐겁다고 생각되면 도파민 호르몬이 분비되어 계속하고 싶어 습관이 된다. 하루 규칙적으로 30분 혹은 한 챕터만 읽고 생각을 손으로 기록해보길 추천한다. 가족끼리 같은 책을 읽고 토론하는 규칙을 만들어 실천하는 것은 어떤가? 기기를 멀리하는 것 만으로도 머리가 맑아지고 활기를 되찾을 것이다. 다른 목표를 정하거나 운동을 하거나 건강하게 사는 사람들과 만남으로써 의욕이 커진다면, 독서 습관은 계속 이어질 수 있고 그 쾌감이 크다면 독서광이 될 수도 있다.

디지털 중독 예방하기

디지털 중독은 인터넷 의존증, 온라인 게임 과다 사용 등을 총체적으로 일컫는다. 심각한 중독증은 정신과 진료나 외부 상담 기관을 이용하는 것을 권한다.

아이 스스로 자신의 과도한 스마트 기기 의존에 대한 자각이 있다면 이에 효과적으로 맞설 수 있는 10가지 방법을 사용해 보자.

1. 가능하면 스마트기기에 노출을 늦춘다

중독에 빠지지 않기 위한 소소한 방법을 시도해보자.
– 설정한 사용량을 다 쓰면 저절로 잠기는 중독 방지앱('너는 얼마나 쓰니?' '포레스트' 등)을 사용한다.
– 게임 앱, SNS 계정(youtube, facebook, instagram 등)을 삭제하거나 비활성화한다
– 앱의 초기 설정에서 푸시나 진동을 꺼둔다.
– 공부할 때나 이동할 때 스마트폰을 보이지 않는 곳에 넣어둔다.
– 하루 최대 사용량을 정하고 관리표를 벽에 붙이고 실천한다.
– 한 달간 최소한의 디지털 기기만 사용하기를 해본다.

2. 작은 성취에 칭찬한다

부모님의 칭찬보다 더 큰 동기는 없다. 반대로 부모님의 꾸중은 큰 절망을 준다. 실제로 잘못을 했더라도 비난에 예민할 수밖에 없다. 칭찬 없이 꾸중을 계속 들으면 그 사람을 단절해서 자신을 보호하려는 게 본능이다. 부모로부터 지속적인 꾸중을 들으면 누구나 자신의 마음을 보호하기 위해 부모를 거부한다.

3. 스마트폰을 최대한 늦게 사준다

아이폰 개발 기업의 대표인 스티브 잡스는 왜 자녀에게 14세까지 스마트폰 사용을 하지 못하도록 했을까? 스마트폰을 많이 사용하면 판단을 담당하는 전두엽이 발달하지 못한다. 생각 없이 덜컥 사주고 난 뒤에 사용 습관을 바로 잡으려다 아이와 끝없이 다투게 된다.

4. 꼭 사줘야 한다면 사기 전에 사용규칙을 합의한다

사주기 전에 중독의 위험이 있음을 잘 알려준다. 중독 가능성을 알고 사면 처음부터 자제하려는 태도를 가지고 조심하게 된다. 가능하면 구체적으로 규칙을 정해서 글로 작성한다. 규칙을 보이는 곳에 붙여둔다. 규칙을 잘 지키면 칭찬을 듬뿍 해주자. 안아주고 하이파

이브도 하고, "역시 우리 ○○이는 약속은 꼭 지키는 사람이야!"라고 칭찬하면 아이는 그 칭찬이 좋아서 또 규칙을 지키고 싶다.

5. 스마트폰 일주일 사용량을 아이와 상의한다

예를 들어, 하루 2시간으로 정하는 것보다 일주일에 10시간으로 정하면 아이 스스로 시간 관리하는 능력을 키울 수 있다. 아이 스스로 오늘은 숙제를 해야 하니 오늘은 안 하고 내일 몰아서 할 거라든지, 주중에는 꼭 참고 주말에 푹 쉬는 게 좋다는 둥 생각을 바꾸면서 시간관리 능력을 키울 수 있다.

6. 사용 규칙을 지키지 못하면 이유를 경청하고 규칙을 조정한다

하루 2시간 사용하기로 했는데 5시간을 사용했다면 규칙을 지키지 않은 것이다. 그러나 꾸중부터 하면 안 된다. 꾸중은 상황을 악화시키기만 한다. 약속을 잘 지키는 ○○이가 어떻게 해서 5시간을 사용하게 되었는지 물어본다. 너그럽게 이해하고 '그럴 수도 있지만 계속 그러면 안 된다'고 말하고, 산뜻하게 다시 기회를 주는 것이 좋다. 나에게 잘못했다고 화내는 상대를 과연 믿고 따르고 싶은가?

7. 부모가 모범을 보인다

부모와 온 가족이 같은 규칙을 적용해야 한다. 부모는 집에서 스마트폰을 무제한으로 사용하면서 아이에게만 금지한다면 반발심이 생긴다. 금지되어 더 사용하고 싶은 유혹이 생긴다. 집에 들어오면 온가족이 지정 상자나 장소에 스마트폰을 넣어두는 규칙을 만들고 함께 지킨다. 최소한 침대에 스마트폰을 가지고 들어가지 않도록 함께 노력한다.

8. 일주일 운동량을 정하고 지키게 한다

운동은 건강한 여가 시간 사용법이다. 산책도 좋고 걷기 자전거 타기, 태권도나 구기 종목 모두 좋다. 줄넘기 1천 번 등도 좋다. 친구들끼리 몸으로 농구나 축구를 하는 시간이라면 아이들은 스마트폰에 덜 매달린다. 운동을 많이 하는 아이들은 스마트폰에 빠져 있던 자신을 좋게 생각하지 않게 되어 스스로 조절하려 한다.

9. 친구들과 모여서 노는 시간을 만든다

스마트폰이나 게임에 몰두하는 것은 아이들이 다른 즐거움이 없다는 뜻이다. 친구들을 집으로 초대하거나 파자마 파티를 하는 등

친구들과 놀 수 있는 기회를 만들어 준다. 안정된 친구관계가 유지되어 놀 수만 있다면 부모의 말에 순종하고 싶은 마음이 절로 들 것이다. 즐거움을 먼저 듬뿍 주고 아이의 결심을 유도하라.

10. 가족끼리 캠핑이나 여행을 자주 즐긴다

친척집 방문이나 가족 캠핑이나 여행은 많을수록 좋다. 가족끼리 마음을 맞추고 대화할 수 있는 시간이다. 서로 존중하는 대화가 많으면 믿는 관계이기 때문에 약속을 하면 지키려 한다. 팍팍한 일상을 떠나 함께 시간을 보내면서 즐기는 시간이 부족하면, 아이들은 가족에 대한 좋은 감정을 쌓을 수 없다. 가족 여가시간에는 불편한 공부 얘기를 자제하고 가족의 여가에 집중한다.

독서나 공부는 스마트 기기처럼 재미를 즉각적으로 주는 것이 아니라 스스로 읽고 상상해야 재미를 느끼게 되기 때문에 스마트폰보다 재미 신속성이 떨어진다. 단맛이 강한 사탕을 먹고 나서 먹은 사과의 맛은 그리 달게 느껴지지 않는다. 독서의 즐거움을 알게 한 후에 스마트 기기를 조금씩 노출해야 독서 습관을 유지할 수 있다.

3

◆ 모순된 어른들 ◆
학교도 가정도 독서하지 않으면서

우리나라 학교에서는 수업시간에 독서하지 않는다. 선생님들은 독서의 큰 교육 효과를 잘 아신다. 그러나 독서가 커리큘럼으로 짜이지 않는 한 독서를 실시하기 어렵다. 우리나라의 성인 독서율은 다른 OECD 국가들에 비해 훨씬 낮다. 가정에서 엄마 아빠가 책을 읽지 않는 것이다. 아이들은 부모를 닮아간다. 아이들에게 독서하라고 말만 하기보다 부모가 아이들과 함께 책을 읽고 토론하는 문화가 생기면 얼마나 좋을까? 부모들은 하지 않는 독서를 아이들에게만 시키는 것은 설득력이 떨어진다. 가정과 학교에서 어른들이 솔선수범 하지 않는 독서는 시스템 밖으로 밀려날 수밖에 없는 운명이다.

독서를 알려주지 않는 학교, 독서하지 않는 부모

독서를 하지 않는 가정, 사회, 학교가 아이들에게만 독서를 시키다니 앞뒤가 맞지 않는다. 학교에서는 독서하지 않으면서 독서는 좋은 것이니 따로 알아서 하라고 한다. 심지어 독서를 고등학교 생활기록부에 기록해야 한다(2024학년도부터 독서 활동 생활기록부 기록 미반영). 독서할 시간은 현실적으로 없는데도 말이다. 독서 기록을 대신해주거나 독서 기록용 독서를 도와주는 사교육이 생기는 것은 당연한 이치다.

미국이나 영국 등 교육 선진국에서는 국가 차원에서 독서 교육을 실시한다. 또한 저소득층을 위한 독서 프로그램을 이용하여 기회가 전 국민에게 공평하게 부여된다. 핀란드 아이들이 교실에서 선생님과 함께 같은 책을 읽고 서로 토론하는 영상을 시청한 적이 있다. 책을 읽고 생각한 것을 정리해서 글을 쓰고, 아는 것을 발표하는 것이 숙제였다. 아이들이 읽을 책을 스스로 고르도록 코칭받는 것이 부러웠다. 독서가 학교 수업 안으로 들어온다면 아이들의 정서와 인생까지 업그레이드할 것이다.

특히 학교 내 독서 교육은 중하위권 성적의 아이들의 인생을 돌볼 것이다. 공부를 못한다고 관심 밖으로 밀려나 있는 중하위권 아이들이 자신을 찾는 기회를 책 속에서 만날 것이다. 초등학교에서 고등학교까지 12년간, 아이들이 꾸준히 스스로 책을 골라서 읽어나간다면 적성과 진로가 저절로 보일 것이다. 비로소 사교육이 줄고, 줄어든 공교육의 권위가 높아질 것이다.

좋은 고전과 현재의 베스트 북을 선정하여 선생님과 함께 읽는다면 지금처럼 수업시간에 자는 아이들이 많을까? 책을 선생님의 목소리로, 오디오 북으로, 아이들 목소리로 돌아가며 읽고, '책을 읽고 토론하기'가 숙제가 되는 것이다. 아이들은 느긋하고 지치지 않으며, 창의력과 자기주도성 등 독서의 혜택으로 공부도 잘하고 마음도 너그러울 것이다.

선생님과 학생들 사이, 친구와 친구 사이, 부모와 자식 사이, 형제자매 사이에 자신이 읽었던 좋은 책에 대한 이야기를 주고 받는 일이 우리의 일상이라면…. 생각만 해도 가슴이 설렌다.

집에서는 어떤가? 우리나라 성인 40%가 1년간 종이책 한 권을 읽지 않는 것으로 나타났다. 1인당 독서량이 OECD 국가 중에서 최하위라는 통계를 많이 봤다. 아이들은 모방한다. 부모가 독서를 하지 않으면 아이들도 독서하지 않는다. 부모가 좋은 모범을 보여야 아이들도 따라 하고 싶은 마음을 만든다.

부모가 싫은 일을 아이에게 지시하면 안된다. 그보다는 부모 자신이 직접 독서의 재미를 체험하고 나누며 이끄는 것은 어떨까? 사교육을 이기기 위해서는 교육 시스템의 획기적인 변화도 필요하지만, 이는 장기적인 변화이다. 무엇보다 부모가 자신의 의식과 문화를 개선하려는 개인적인 움직임도 필요할 것이다. 함께 책을 읽고 토론하자는 캠페인도 띄우면서 독서 문화를 가족 내에서 정착시켜 나가야 한다.

독서가 습관이 되게 하려면 아가 때부터 부모가 살을 부비며 놀아야 한다. 안아 주고 놀아 주고 정답게 대화도 해서 부모와 있는 시간을 즐기며 정서적인 안정과 신뢰감을 느끼게 해주자. 그러는 과정에서 부모가 재밌게 읽어 주는 책에서 독서의 즐거움을 자주 느낀다면 책을 가까이 하는 아이로 자랄 수 있다.

가정과 학교에서 독서할 수 있어야 한다

현재 교육제도에 변화가 시작되길 바란다. 가정 단위, 마을 단위, 학교 단위에서 모든 국민들이 독서함으로써 입시 제도에도 새바람을 일으켜야 한다. 이것은 새로운 주장이 아니다. 교육 품질이 높은 나라는 한결같이 독서를 중시한다. 배우려는 마음만 있으면 벤치마킹할 나라는 많다.

학교가 독서를 중심으로 한 다양한 활동을 제공한다면 아이들이 학원으로 가야 하는 이유가 줄어들 것이다. 아이들의 학습 참여도를 높일 수 있다. 독서는 각자의 사고력과 창의성을 키워주기에, 자기주도성을 기를 수 있고, 아이들의 학습 동기와 성취감을 높여줄 수 있다.

같은 책을 읽고 토론을 벌일 수도 있지만, 아예 각자 다른 주제의 책을 읽어나갈 수도 있다. 같은 책을 읽고 대화와 토론을 하면서 타인을 자신의 생각으로 설득시키거나 다른 사람의 합리적인 의견을 수용하면서 의사소통 능력을 키울 수 있다. 서로 누가 더 위에 있는지 끊임없이 비교당하는 것이 아니라 자신만의 관심사에 시간을 들일 수 있다.

최상위권에게만 성취의 기쁨을 주는 교육에서 아이들은 특별한 재미를 느끼지 못한다. 우울하거나 무기력해진 아이들은 스마트 기기가 없으면 뇌에서 도파민이 나오지 못하는 환경에서 살고 있다. 아이들 대학 입시를 마치고 주변을 찾아보니 온라인이나 오프라인을 통한 어른들의 독서모임이 많다. 앞으로 가정 안에서 부부끼리, 가족끼리 독서 모임을 시작하는 문화가 생겨나길 바란다. 아이들을 학원으로 자꾸만 내몰게 만드는 삭막한 가정 환경에 따뜻한 힘이 그 안에서 피어날 것이다.

4

✦비교의 함정✦
아이의 긴장과 불안을 일으킨다

　자신의 마음에 따라 사는 것이 참 행복이다. 자랑과 경쟁은 남과 나를 비교하여 행복을 추구하는 방법이다. 남과 비교하는 습성을 만든다. 상대가 나보다 더 잘하면 열등감이 생기고 내가 더 잘하면 우쭐댄다. 경쟁 대상을 시기하거나 미워하기 쉽다. 학원에 다니며 목표를 정하고, 비교하며 공부하느라 불안하고 늘 조바심을 끼고 살지만, 독서는 느긋하게 내가 읽고 싶은 책을 읽으면 실력이 는다. 그런데 독서를 하면서도 더 두껍고 어려운 책을 읽어야 한다는 강박이나 비교 심리가 생기면 책이 싫어진다. 남의 시선을 신경쓰느라 내 마음이 불편하기 때문이다.

비교와 압박으로 무기력에 빠진 세민이
- 비교는 공부 정서를 망가트린다!

세민 아빠는 아이들이 조카들보다 공부를 더 잘하길 바랐다. 전업주부인 세민 엄마는 아이들이 공부를 잘해야만 자신의 가치를 증명할 수 있을 것만 같았다. 세민이는 명절을 싫어했다. 공부 잘하는 사촌 형들과 비교 당하는 게 싫다면서. 엄마가 자신이 공부를 잘하는 것처럼 자랑해서 부담스러웠다. 세민 아빠는 아이 교육 과정에는 관심을 두지 않으면서 시험 결과에는 예민했다. 세민이와 엄마는 시험 기간이 되면 신경이 예민해졌다.

세민이 형의 입시 결과가 좋지 않게 되자 기대가 세민이에게 쏠렸다. 세민이는 공부 대신 친구들과 게임에 몰입했다. 점점 말이 거칠어졌다. 화나면 힘으로 엄마를 제압하기도 했다. 아들의 무례한 행동에 엄마는 상처를 받았다. 아들 친구 누구는 요즘 공부를 열심히 한다더라 하는 이야기라도 듣는 날이면 걱정이 앞선다. 이럴 때 푹 쉬게 하며 생각을 정리하게 하고 싶지만 자꾸 조바심에 잔소리를 하게 되었다.

"세민아, 왜 아직 안 오니? 지금 어디쯤이야?"

"… 쌤, 저… 나가려고 옷은 입었는데요…. 몸이 안 움직여져요…. 몸에 힘이 하나도 없어서, 일어날 수가 없어서 못 갈 것 같아요."

그 후 세민이를 만나지 못했다. 잔소리를 듣다가 가출하는 아이도 있다. 세민이처럼 자신을 비난하며 무기력하고 우울해지는 아이들도 있다.

1년쯤 지나 세민이 엄마를 우연히 만났다. 세민이 담임 선생님과 상담이 있다고 했다. 세민이가 한 달이나 학교에 등교하지 않아서 고등학교는 가려는지 걱정이라고 했다.

아이를 누구와 비교하면서 비교 대상보다 더 잘하길 바라면 아이는 큰 부담감을 느낀다. 비교당할까 봐 시험 결과에 신경을 쓰지만, 공부에 집중은 안된다. 비교 당하는 아이들의 공부 정서는 빨리 망가진다. 공부에 흥미를 잃고 게임이나 스마트폰에 빠져들면서 스트레스를 푼다.

시댁 식구나 친정 식구, 친구들을 만났을 때, 회사에서, 아이 친구 엄마들의 모임에서 내 아이를 자랑하는 것은 위험하다. 누구나 슬럼프가 있고, 어떤 아이라도 사춘기는 오기 마련이다. 일시적이더라도 아이의 성적이 낮아지는 구간이 생긴다. 자랑을 많이 한 부모는 자신의 말이 거짓이 되는 현실을 받아들이기 힘들다. 마음이 조급한 부모는 힘든 아이 마음을 들여다보지 못하고 계속 잔소리를 하게 된다. 자랑하지 말고, 남과 비교해서 우리 아이가 잘해야 한다는 생각을 내려놓자.

독서를 잘하는 아이로 키우고 싶다면, 비교는 그만!

아이의 독서에 비교가 섞인 일종의 비난이 가해지면 아이들은 독서를 재미있다고 생각할 수가 없다. 부모의 취미를 누군가가 시키고 참견한다면 부모는 어떤 마음이 들까? 기분이 나빠질 것이다. '누구누구는 너보다 더 두껍고 어려운 책을 잘 읽는다'는 식의 말을 한 번만 들어도 책을 피하게 될 수도 있다. 가장 중요한 가족으로부터 그런 평가를 받는다는 사실에 점점 책을 싫어하는 태도가 생긴다.

책을 싫어하는 아이들을 만나면 태도가 다르다. 전에 독서를 하면서 비교를 당한 경험이 있다. 부모는 기억하지 못하지만 아이는 기억하는 말들이다.

"○○이는 하루에 몇 권을 읽는다더라."
"○○이는 1학년인데 벌써 〈해리포터〉를 읽는대."
"너는 왜 만화책만 보니?"
"그렇게 얇은 책만 골라서 보면 언제 실력이 늘어?"
"형은 이거 얼마나 잘 봤는 줄 아니?"
"맨날 그 수준 책만 읽으면 언제 더 어려운 책을 볼래?"

이런 비교를 당한 아이들은 책을 고를 때 눈치를 본다. 자기 자신의 마음에 따르기보다 다른 아이들이 무엇을 읽는지에 신경을 쓴다. 나는 아이들에게 말한다.

"두꺼운 책보다 얇은 책이 좋아."
"만화책은 시작하기에 너무 좋은 책이지."
"수준이 낮은 책으로 오래 읽는 것은 좋은 일이야."
"다른 사람이 무슨 책 읽는지는 신경쓰지 마."

아이들은 이 말에 신뢰를 보이면서 자신이 진짜로 원하는 책을 안심하고 고르기 시작한다.

잠시 멈추고 생각해 보자. 나는 누구와 내 아이를 지속적으로 비교하면서 조바심을 내고 있지는 않은가. 나부터 나로 사는 연습이 부족하여 아이들을 통해 그 허전함을 채우려 하는 것은 아닌지 가끔은 성찰이 필요하다. 독서를 잘하는 아이로 키우고 싶다면 다른 아이와 비교하지 않아야 한다. 꼭 비교하면서 추진력을 싣고 싶다면, 아이의 어제와 오늘을 비교하여 전보다 발전한 것을 칭찬하는 도구로 활용하면 어떨까. 그들보다 못해도 행복할 수 있다.

형제 자매는 최고의 친구이다

둘째가 태어나기 전에 이모님과 남편에게 부탁했다. 둘째가 태어나서 모든 관심이 둘째에게 쏠리면 첫째가 충격을 받고 질투도 할 수 있으니, 첫째에게 우선 관심을 써 달라고 말이다. 이 작은 원칙은 언니와 동생은 라이벌이 아니라 늘 같은 팀이라는 좋은 느낌을 갖는 데 도움이 되었다. 딸들은 서로가 있어야 놀이가 더 즐거워지는 놀이 동무였다.

둘이 다투지 않고 친하게 지낼 수 있어서 서로 소통이 긍정적으로 선순환 했다. 작은아이가 영재원 면접에서 가장 존경하는 사람이 누구냐는 질문에 '언니'라는 귀여운 대답을 했다. 자기는 모르는 것을 언니는 알고 가르쳐 주니 얼마나 좋은 친구인가! 작은아이에게는 언니가 또래 친구 역할이었기 때문에 부모의 수고가 줄었다. 큰아이의 길을 잘 트고 동생과 사이 좋게만 해도 이후 과정에서 부모의 짐을 덜 수 있다.

5

◆ 자주 지적하는 부모 ◆
꾸중보다 침묵이 낫다

나쁜 말은 좋은 말보다 더 기억에 남는다. 많은 사람들이 칭찬을 해도 한 사람이 비난한다면 우리는 그 한 사람의 말에 많은 신경을 쓴다. 진화 심리학자들의 연구에 따르면, 사람은 긍정적인 말보다 부정적인 말에 더 예민하게 반응하는 성향, 즉 부정편향(negativity bias)성을 가진다고 한다. 부모의 꾸중 한 마디는 무수한 칭찬을 무효화하면서 아이들을 괴롭게 한다. 만일 칭찬에는 인색하고 꾸중이나 지적질을 일상적으로 하는 엄마와 아빠가 부모라면 어떨까? 대체로 그런 아이들은 공부를 잘할 수 없을 것이고, 잘하는 몇몇도 나중에 어린 시절을 돌이켜 보면 고통스러운 기억이 떠올라 괴로울 것이다.

꾸중, 공부 정서가 파괴되는 소리!

공부에 집중하려면 정서적 안정이 필요하다. 독서도 그렇다. 아이를 무섭게 꾸짖어 아이가 아무것도 하지 못하게 만들고서 아이의 시험 결과가 좋기를 바라고, 아이가 독서를 즐기기를 바라는가?

민재는 조용하지만 예민한 중1이었다. 같이 대화를 하면 마음이 따뜻해지는 감수성이 좋은 아이였다. 민재의 목과 얼굴에는 아토피가 피었다. 아빠가 꾸중한 날엔 아토피가 심해졌다. 심리적인 영향을 받는 것 같았다. 시험기간이 되면 손으로 얼굴을 긁어 증상이 도드라져 보였다.

민재는 시험 기간이면 아빠에게 자주 혼났다. 매를 맞기도 했는데, 그런 날은 얼굴이 며칠간 세수를 하지 않은 사람처럼 하얘졌다. 정서가 불안한 날엔 다른 날보다 더 집중하지 못했다. 멍하니 먼 산을 바라보거나 책을 쳐다보면서도 다른 생각에 골몰했다. 억울하다는 생각도 하고, 아빠가 요구하는 점수가 나오지 못할 것을 염려하느라 책 내용은 머릿속으로 들어오지 않았다. 책상에 앉아 있는 시간은 길지만 능률은 오르지 않는다. 평소에도 아빠에게 언제 혼날지 몰라 초조한데, 시험기간이 되면 불안이 고조되어 산만해지고 공부하기 어려운 정서 상태가 됐다.

"민재, 너! 아빠가 하라는 대로 공부하랬지? 왜 아빠 말 안 들어? 어? 아빠 어릴 때는 말이야, 학원 같은 거 하나도 없어도 다 혼자 공부했어. 니들은 따뜻한 아랫목에서 집 걱정을 하니, 먹을 거 걱정을 하니? 아빠 가 벌어서 학원도 다 보내주는데 도대체 뭐가 부족해서 공부를 안 하냐 고! 이번 시험에서 성적 떨어지면 맞을 줄 알아. 알았어?"

아이의 공부 정서가 파괴하는 소리가 들리는 것 같다. 꾸중을 지속적 으로 들은 아이들은 공부에 대한 열망보다 먼저 슬픔을 느낀다. 공부에 집중할 수 있는 편안한 분위기가 되려면 최소 부모가 아이들 앞에서 싸 우지는 않아야 한다. 부모가 매일 싸우고 아이에게 꾸중하면서 아이가 요구 받는 것들을 척척 해내길 바라는 것은 지나친 기대다. 수십 년을 더 살아온 엄마 아빠는 모범을 보이지 못하면서 어린아이에게는 모범을 보 이라 한다. 당연히 공부는 잘하기 어렵고 아이들은 두렵거나 분노하거나 무기력하거나 우울해진다.

아이들은 불안하면 아무것도 못한다

인본주의 심리학자 매슬로우의 인간 욕구단계설에 따르면, 사람의 욕구는 5단계로 이루어진다. 아래 단계 욕구가 충족되어야 그 다음 단계 욕구를 추구하게 된다.

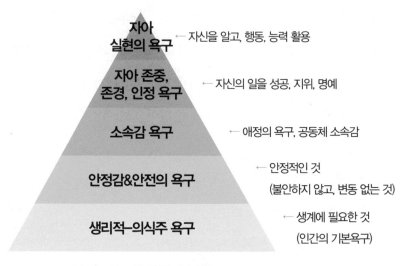

가장 아래는 생리적인 욕구다. 의식주와 수면처럼 생존에 필수적인 욕구들이다. 우리나라가 세계 10대 경제 대국에 소속된 요즘에 우리나라 아이들은 대체로 가장 아래 단계의 욕구를 태어나면서부터 잘 충족하며 살게 된다. 못 먹거나 살 곳이 없어서 힘든 아이는 뉴스에 나올 정도로 흔하지 않게 되었다. 아이들은 태어나 보니 저절로 먹고 입고 자는 문제가 해결되어 있었다. 그러므로 다음 단계인 안전 욕구가 중요해진다. 그래서 먹고살 만한 부유한 사회가 되면 다음으로 정서가 안정되었는지 아

닌지에 따라 행복의 수준은 달라진다. 부모가 따뜻한 사랑을 주며 편안한 가족 분위기를 만들어 준다면 아이들은 행복감을 느끼며 다음 단계의 욕구인 애정 소속감의 욕구를 저절로 충족하려 할 것이다.

아빠는 두 아들에게 부족함이 없는 공부 환경을 제공하고 있다고 생각했다. 하지만 민재는 생리적 욕구 단계는 충족되었지만, 그 다음 단계인 안전 욕구에서 위협을 느끼고 있었다. 공부는 최상위 자아실현의 욕구에 속한다. 꾸중으로 중간 단계의 욕구를 차단하고 최고의 욕구를 추구하라고 하는 것은 이 이론에 따르면 시작 전부터 실패한 전략이다. 꾸중을 들어야 할 대상은 어른이 아닐까.

민재와 동생은 집에서 안전함을 느끼지 못했다. 아빠는 잦은 부부 싸움으로 불안한 분위기를 만들었으면서도 시험 점수를 탓하며 꾸중까지 했다. 잔소리와 꾸중을 많이 들은 민재는 집에 있으면 늘 불안했다. 아빠에게 혼나는 날은 버려진 것 같은 우울함이 들었다. 아빠는 자신이 아이들의 공부에 방해가 되고 있다는 생각에 이르지 못했다. 그런 상황에 장기간 처한 아이는 공부에 흥미를 잃고 공부에서 손을 놓게 된다.

민재는 늘 오늘은 아빠에게 혼나지 않을 수 있을지를 걱정했다. 자꾸 꾸중을 받다보니 가족에게 애정과 소속감을 느끼기 어려웠다. 자기 이야기에 공감해주는 친구들과 집밖으로 나가 놀고 싶었다. 아이가 쉴 수 있는 유일한 피난처는 친구와 게임이었다. 친구들과 PC방에 몰려다니며 놀았다. 그런 순간에는 재미도 있었고 사랑의 허기가 보충되었다. 친구들과 게임을 하면서 안정과 소속감의 욕구를 충족하고 있었다.

민재는 공부에서 멀어졌다. 부모는 게임과 친구들을 비난했다. 민재는 자신의 마음을 이해해 주지 않는 부모가 원망스러웠다. 친구들을 만나지 못하게 할수록 부모에 반항감이 들었고 게임은 점점 더 재미있어졌다. 게임을 하는 동안에는 얼마나 재밌는지 시간 조절이 안된다고 했다. 게임방에 들어갈 때는 신이 났고, 끝나고 나올 때는 겁이 났다. 놀 때는 좋았지만 또 집에 들어갈 생각을 하면 불안함이 밀려왔다. 다시 꾸중을 듣고 또 밖에서 친구들과 스트레스를 푸는 순환 구조 속에서 살고 있었다. 우정이라는 이름의 소속감. 친구들과 함께 시작한 게임의 세계도 에티켓과 신뢰가 있어야 하기 때문에 어느 날 갑자기 아이 혼자 빠져 나오기는 쉽지 않다.

게임방에 들렀다 수업시간에 맞춰 들어온 민재의 얼굴을 보니 아토피가 심했다. 게임을 한 것이 또 들통날 것을 걱정하기 때문이었다. 한편으로는 자신을 한심하다고 책망하기도 했다. 공부를 해야겠다고 마음먹지만 친구가 같이 게임을 하자고 하면 물리치지를 못하겠다는 것이다. 초등 5학년인 동생조차도 이젠 자기처럼 부모에게 반항하기 시작했다면서 동생을 걱정했다.

꾸중보다는 침묵이 낫다
- 부모의 변화가 아이도 바꾼다

아이들이 마음잡고 공부하게 하려면 아빠의 태도 전환이 꼭 필요했다. 어렵사리 민재 아빠에게 면담을 요청했다. 대체로 아이들 공부를 책임지는 분은 엄마인 경우가 많아서 나는 주로 엄마와 상담한다. 민재네 집처럼 아빠가 전체 분위기를 좌우하는 가족이면 엄마와의 상담으로 변화를 일으키긴 어렵다. 민재 아빠와의 면담에서는 아이들이 공부에 흥미를 느끼지 못하고 집중하지 못하는 이유를 설명드렸다. 아빠는 아이들이 그렇게나 힘들거나 무서워하는 줄을 전혀 몰랐다며 놀라셨다.

"선생님, 그럼 제가 뭘 어떻게 해야 하나요?"
"민재 아버님은 아이들 공부에 개입을 안 하시는 게 아이들 정서에는 도움이 될 것 같습니다. 관계나 정서가 안정되어야 공부도 가능하니까요. 지금 이대로라면 공부는 당연히 잘할 수 없고, 즐길 수도 없어요. 아빠를 좋아하거나 존경하는 것도 어렵구요. 우선 욕심을 내려놓으시고 집에 계시는 시간엔 아이들과 몸으로 노는 일을 해보시기를 부탁드립니다.

그걸 아버님의 숙제로 드릴게요. 앞으로 아이들 공부는 어머니가 담당하는 것으로 해보죠. 아빠에게 꾸중을 듣지 않고 칭찬까지 들으면 아이들은 집에서 안정감을 느낄 테니 집에 있고 싶을 거예요."

생산성에 집중하는 회사 생활을 오래하면서 엄마와 아빠는 감성보다는 지시와 결과에 더 익숙해지기 쉽다. 살을 부비고 눈을 쳐다보면서 공감하는 일, 같이 즐거운 시간을 보내는 일이 가족의 최우선 역할이라는 것을 잊는다. 열심히 일하고 나서 주말에라도 가족의 따뜻함과 재미를 느낄 수 있는 충분한 교감이 있어야 한다. 그 후에 공부의 중요성과 효율성에 대한 이야기를 해야 아이들이 공부를 긍정적으로 받아들일 수 있다.

아빠는 약속대로 잔소리를 멈췄다. 민재가 아빠의 언어적, 신체적 위협에서 벗어났다는 징표는 곧바로 얼굴에 나타났다. 민재 얼굴의 아토피가 눈에 띄게 줄고 있었다. "선생님, 우리 아빠한테 뭐라고 하신 거예요? 예전의 아빠가 아니에요. 엄마한테도 엄청 잘하시고요. 주말에 아빠랑 동생이랑 저랑 사우나 갔거든요. 공부 얘기도 안하시고 잔소리도 하나도 안 하시고 엄청 친절해요. 칭찬도 해주세요. 완전 딴 사람이 된 것 같아서 신기해요." 칭찬을 받는 민재의 표정은 무척 밝아졌다. 자주 웃고 농담도 하고 수업도 훨씬 열심히 해보려고 노력하고 있다.

자녀의 모든 문제 행동이 부모 탓이라 말하는 것은 아니다. 그럼에도 자녀 행동의 원인 중 가장 큰 부분은 부모의 말과 행동에 그 뿌리를 두고 있다. 원인이 타고난 기질 때문일 수도 있지만, 부모의 양육환경에 따라서 문제 행동의 수준이 출렁인다.

불안한 아이는 2차적으로 여러 가지 심리적인 문제를 일으킨다. 무서운 부모 아래서 자주 혼난 아이들은 독서를 할 때도 잡념에 빠진다. 불안감을 해소하는 것이 먼저인 것이다. 독서든 공부든 마음이 안정된 상태에서 집중할 수 있다. 칭찬은 쑥스럽고 지적이 더 편한가? 핸드폰의 녹음 기능을 켜두고 평소 아이들과 나누는 대화를 녹음해서 들어보자. 아니면 아이들에게 엄마 아빠가 무서운지, 꾸중을 많이 하는지 편하게 물어보자. 내가 생각하는 나와 아이들이 생각하는 나 사이에 차이가 있을 것이다. 그 차이가 커서 놀라는 분들도 있다. 아이들은 평소 엄마와 아빠를 오해하고 있으니 결국 잔소리에 더 상심했을 것이다. 내가 모르는 나의 성격이 아이들을 힘들게 해서 독서도 공부도 집중하지 못하게 하고 있는 것은 아닌지 성찰이 필요하다.

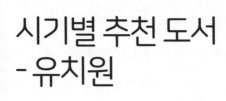

시기별 추천 도서
- 유치원

영아기에 충분한 교감을 통해 신뢰와 애착관계를 잘 쌓았다면, 유치원 시기에는 많은 책을 재밌게 읽어주는 활동을 하자. 책이 재밌다는 인상을 아이 마음속에 심어주는 것이다.

아이들은 반복되는 소리, 된소리, 거센소리, 과장된 소리, 율동을 좋아한다. 최대한 오감을 자극하며 책을 읽어주길 권한다. 책을 도서관에서 빌리거나 책 대여 프로그램을 이용해도 좋다. 중고로 그림책 전집을 구입해서 볼 수도 있다. 노래와 비디오, 유튜브 영상이 많으니 좋아하는 것을 찾아 계획된 시간에 시청하게 한다.

국어

시리즈 : <그림책이 참 좋아> <달님 안녕 시리즈> <앤서니 브라운 책이 좋아 컬렉션> <비룡소의 그림동화> <네버랜드 PICTURE BOOKS 세계의 걸작 그림책> <네버랜드 옛이야기 그림책> <생각이 커지는 명작 그림책> <디즈니 그림 명작> <신기한 한글 나라> <신기한 영어 나라>

낱권 : 『강아지똥』『아낌없이 주는 나무』『다정한 말, 단단한 말』『행복한 청소부』『틀려도 괜찮아』『우리 아빠가 최고야!』

영어

시리즈 : <I Can Read Books> <Timothy Goes to School> <Magic School Bus Cartoons> <Dinofours> <Ready-To-Read> <노부영 마더 구스> <Wee Sing Series> <Sesame Street>

수학

시리즈 : <100층 짜리 집> <비룡소 키키네 수학유치원> <공룡 대발이 수학 동화> <몬테소리 수담뿍> <프뢰벨 수학 동화> <수학교구세트>

과탐

시리즈 : <공룡 대발이 과학 동화> <내셔널 지오그래픽 키즈> <겨자씨 과학 동화> <프뢰벨 과학 동화> <알사과 과학 동화> <알파짱 과학 동화> <오렌지 과학 동화> <과학 교구세트 모음>

사탐

시리즈 : <공룡 대발이 성교육 동화> <브라운 앤 프렌즈 인성 그림책>

낱권 : 『멈출 수 없는 우리』

유치원 시기 핵심 – 아이가 독서를 즐기면 교육의 반은 성공이다

독서가 즐거워지는 10가지 마음가짐	
1	정서 안정이 독서보다 먼저다
2	먼저 따뜻한 부모가 된다
3	처음 독서가 재미있어야 계속 이어진다
4	읽을 책은 아이가 고르게 한다
5	초등 전에 아이가 독서에 빠지게 한다
6	입시 과목에 연결하여 책을 선정하라
7	아이의 독서 성향을 나무라지 않고 지켜준다
8	부모가 읽으면 아이는 저절로 읽는다
9	독서는 마음을 행복하게 한다
10	함께 독서하면 대화거리가 풍성해진다

제3장

부모가
만들어줘야 할
독서 환경
5원칙

환경에 따라 아이는 독서를 좋아할 수도 싫어할 수도 있다. 독서가 아무리 좋은 공부법이어도, 아이가 책에 대해 좋지 않은 첫인상을 받았다면 아이는 독서를 피할 것이다. 아이가 책에 빠져들게 하고 싶은가? 책을 재밌고 편하게 생각하도록 하는 환경과 노하우를 익혀보자. 어쩌면 독서의 첫인상은 엄마 아빠의 따뜻한 품과 다정한 눈빛은 아닐까?

1

✦거실을 독서의 온상으로 삼아라✦

우리 가족은 매일 거실에서 뭉쳐 있었다. 거실은 재미있는 활동이 벌어지는 장소였다. 재미가 쏠쏠한 거실은 라이브 영상과 닮았다. 분위기 좋은 곳에 가서 차를 마시면 행복이 밀려오듯이, 아이들에게 거실은 좋은 사람과 함께하고 좋은 책을 읽을 수 있는 북카페와 같은 공간이었다.

거실을 '좋은 일이 일어나는 곳'으로 만들어라

아이와 재밌게 노는 일에는 나도 일가견이 있었다. 아이들은 싱글벙글 잘 웃었다. 엄마가 어떤 일을 하자고 하면 아이들은 재밌을 거라는 기대를 먼저 했다.

"얘들아, 오늘은 무얼 만들어 볼까?"
"악어요!"
"악어? 좋아! 오늘은 무시무시한 악어를 만들어 보자!"
"우와!"

평소 택배 상자를 모았다가 만들기 재료로 사용했다. 펼쳐진 박스 종이 위에 악어를 그려서 가위로 오린다. 악어의 세세한 것까지 잘 그릴 필요는 없다. 아이들은 알아서 상상한다. 색연필로 악어를 색칠했다. 아이들은 본능적으로 그림을 좋아하는 것 같았다. 만들어진 악어로 한참을 놀았다. 그렇게 한바탕 놀면 엄마 얼굴만 봐도 아이들 얼굴엔 웃음꽃이 핀다. 그럴 듯하게 기타를 만든 적도 있었다. 나는 기타 치는 시늉을 했고, 아이들은 노래를 불렀다. 엄마가 춤을 못 출수록, 노래를 이상하게 할수록 아이들은 엄마를 재미보따리나 재주꾼으로 추앙했다.

재활용 상자로 만든 기타

거실은 놀이터였다. 거실 한구석에 아이들이 좋아하는 퍼즐, 블록, 보드 게임, 게임기기 등이 많았다. 지인이 주거나 인터넷에서 구입했거나 만든 것들이었다. 손놀이는 두뇌 발달에 좋다. 레고 블록으로 비슷비슷한 물건을 수도 없이 만들고 부쉈다. 비슷비슷한 그림을 수도 없이 그리는 사이, 조막 만한 아이들 손의 소근육이 발달하고 있었을 것이다. 뭔가를 상상하며 손을 움직이는 아이들의 눈빛은 안정되고 빛이 난다. 놀이도 힐링이다.

블록으로 같은 모양을 쌓았다 부수는 과정은 중요하다. 아이들의 두뇌가 활발하게 활동한다. 공간감각도 생기고, 몇 수 앞을 내다보는 통찰력과 계획 능력도 생긴다. 하나에 오래 집중할 수 있는 집중력도 길러진다. 모두 아이들이 살아가는 데 필요한 능력이었다. 독서와 공부에도 이런 능력이 필요하다.

수천 번을 쌓았다 부순 블록

서점에서 사온 동물, 과일 포스터를 벽에 붙였다. 동물원에서 봤던 사자를 포스터에서 함께 찾아본다. 할머니 댁 밭에서 봤던 딸기도 찾았다. 포스터에서 본 과일을 현실에서 보거나, 현실에서 본 과일이 포스터에 있다는 것을 아는 순간 얼굴에 기쁜 표정을 드러낸다. 포스터에 있는 딸기를 먹는 시늉을 하며 "하나, 둘, 셋, 넷…." 하며 입을 씰룩거리면 아이들은 신났다.

이렇게 함께 공감하며 즐거운 경험을 이어나가면서 신뢰가 쌓인다. 엄마는 항상 내 편이라는 생각, 엄마가 같이 하자는 모든 것은 재밌을 것이라는 기대가 생기면 아이들 교육에 도움이 된다. 엄마가 책을 들고 앉으면 엄마가 어떻게 또 읽어줄지 아이들은 눈을 크게 뜨고 나를 바라본다.

아이들이 좋아하는 거실에서, 아이들이 좋아하는 책을 읽어줘라

거실은 가족이 가장 많은 시간을 함께 하는 공간이다. 딸들이 가장 좋아하는 엄마와 아빠가 거실에 있고, 거기서 매일 재밌는 놀이가 벌어지니 아이들은 거실에서 노는 것을 좋아했다. 긍정 에너지가 흐르는 거실에 책장을 두고 그곳에서 엄마와 아빠가 아이들에게 책을 재밌게 읽어주었으니 아이들은 책을 자연스럽게 좋아하게 되었다. 모든 것이 선순환하기 시작하면 독서는 어려운 일이 아니다. 처음 첫 발짝을 딛는 것이 중요하다.

거실을 독서의 온상으로 삼았다. 재미있는 활동을 많이 하던 곳이니까 어렵지 않았다. 거실의 한쪽 면을 책으로 채웠다. 가장 잘 보는 책을 꺼내기 쉽게 어깨나 눈높이에 꽂아 두었다. 이미 충분히 봤거나 관심이 없어진 책은 치웠다. 관심이 생긴 책을 잘 보이는 곳으로 옮겼다. 두 아이

모두 잘 보는 책도 있었고, 두 아이가 다 보기 싫어하는 책도 있었다. 어떤 책을 볼 것인지에 대해서는 간섭하지 않았다. 첫째 아이가 좋아했던 책이라고 둘째도 좋아할 것이라고 기대하지 않았다. 각자의 취향과 그날의 기분을 그대로 존중하는 일이야 말로 독서에 긍정 마인드를 심는 데 중요하다.

부모가 꼭 권유하고 싶은 책인데 아이가 관심이 없다면, 아이만의 이유가 있다. 그럴 때는 부모가 책을 조금씩 읽어줘 보자. 흥미가 다시 생겨난다. 읽어줘도 싫다면 너무 아쉬워하지 말자. 세상에 아이가 재밌게 읽을 책은 그 책이 아니어도 무한하다. 손에 잡힌 책을 다 읽도록 하려는 마음은 욕심이다. 오히려 아이가 책을 싫어하게 만들기 쉽다. 마음이 가지 않는 책을 누가 내게 지금 읽으라고 하면 나 역시도 싫을 것이다.

저녁에 퇴근하면 작은아이는 책꽂이에 가서 엄마가 읽어주길 바라는 책을 들고 가부좌를 틀고 앉은 엄마에게 엉덩이를 들이밀었다. 아이를 품에 안고 같은 방향을 바라보며 마음을 아이 눈높이에 맞추면 대화 소재는 책 안에 가득했다. 아이는 낮에 있었던 일들을 줄줄이 엄마에게 말하곤 했다. 책은 가족 간의 대화가 끊이지 않게 하는 매개 역할을 했다. 아이는 책을 다 읽고 나면 엄마에게 받고 싶은 하루치 사랑이 다 충전된 듯, 바닥으로 내려가 A4용지와 색연필을 가지고 와서 자기 마음을 그렸다. 대화와 그림, 손놀이, 그리고 자매들간의 교류, 이런 것들이 모두 독후 활동이자 독서 전 활동이었다. 독후 활동을 따로 해야 할 필요성은 느끼지 않았다. 필요하다고 해도 아이들이 독서에 취미를 붙이는 이 기간에는 의무로 하고 싶지 않았다. 잘하는 것이 뭔지 모를 때는 아이들의 하고 싶은 욕구에 방해만 되지 않아도 어느 정도 성공이다.

아이들의 손이 가지 않는 철 지난 책들은 책꽂이에서 미련 없이 치웠다. 관심을 조금씩 보이기 시작하는 칸의 책들을 아이들 눈높이나 손이 가는 곳으로 옮겼다. 바라보는 각도가 달라지는 것만으로도 책은 아이들의 새로운 관심을 받는다. 큰아이가 자주 가는 칸으로 작은아이는 따라간다. 부모가 읽으면 아이는 따라하고 싶고, 언니가 보고 있으면 동생은 그것이 궁금하다. 그러면서 질문과 대답을 하고 대화가 이어진다. 나는 집에서 특히 농담과 장난을 잘 한다. 아이들 얼굴에 늘 웃음이 걸려 있게 하려고 노력했다.

어느 날 거실 소파에 누워 큰아이에게 〈성냥팔이 소녀〉를 읽어주고 있었다. 잔뜩 감정을 섞어서 애절한 목소리로 소녀가 죽어가는 장면을 읽다 보니 마음이 울컥했다. 마지막 장을 넘기며 눈물이 났다. 옆에 누운 큰 딸 쪽으로 고개를 돌리니 아이 눈가에 눈물이 주르르 흐르고 있었다. '아이구, 감정을 너무 많이 잡았나…?' 아이의 눈물을 닦아주며 "우린 이렇게 행복하게 잘 살고 있는데, 성냥팔이 소녀는 참 불쌍하다. 그치?"라며 큰아이를 꼭 안아주었다. 그날 그 시간 아이가 무슨 생각을 했는지 묻지 않아 알 수 없었다. 하지만 사람 사는 데 꼭 필요한 공감을 키워주기에 이런 동화만 한 게 또 없겠다는 생각을 했다.

스스로 하게 만드는 힘은 환경에서 나온다
- 정서가 안정되어야 마음이 자란다!

초등학교 1학년 상호를 상담했다. 말을 예쁘게 한다고 칭찬했더니 선생님이 잘 몰라서 그렇다고 한다. 자기는 혼자 있을 때 나쁜 욕도 한다면서. 좀 놀라서 이유를 물었다. 엄마가 매일 저녁 늦게까지 수학 문제를 너무 많이 풀라고 해서 가슴이 너무나 답답하다고 했다. 그럴 때 자기 혼자만 아는 상상 친구에게 욕을 하면 마음이 편해진다고 했다. 수학이 없는 세상이면 좋겠다고 했다.

나는 상호의 상상 친구가 고마웠다. 어린아이가 자기만의 감정 쓰레기통을 만들고 처리하게 해주니 말이다. 엄마는 자신이 일하는 동안에 상호가 밖에서 놀다 다치는 것은 아닌가 걱정되어 낮에 바깥에서 친구들과 노는 것을 허락하지 않았다. 어린아이 혼자 집에서 엄마가 시킨 공부를 해둔다는 것은 힘든 일이다. 공부는 놀고 싶은 욕구를 충족하고 나서야 집중이 가능하다. 나는 상호의 공부보다 앞서 정서가 걱정되었다. 정서가 불안하면 공부를 해도 효과가 없다. 간혹 정서는 안정되지 않았지만 공부는 잘하는 경우도 있다. 사회적으로 성공한 듯한 사람이어도 갑작스럽게 불미스러운 사건을 터뜨려 뉴스에 오르내리는 사람들이 그 부류에 속한다. 정서가 공부보다 먼저 잡혀야 사람답게 살 수 있다.

상호 엄마와 상담을 했다. 낮에 상호를 챙기지 못하니 혼자만 공부가 뒤처지는 건 아닐지 걱정이 심했다. 벌써부터 공부를 하기 싫어하니 일찍 공부를 놓을까 두렵다고 하셨다. 엄마의 걱정도 공감할 수 있었다. 하지만 아이가 스스로 공부를 하고 싶다는 생각이 들게 환경을 갖추지 않으면 공부는 손에서 멀어질 것이다. 엄마가 시켜서 하는 공부는 힘이 없다. 엄마가 보이지 않으면 하지 않을 것이기 때문이다. 아이가 스스로 하고 싶은 마음이 들도록 분위기를 바꿔보자고 제안했다.

상호는 그림 그리는 것을 좋아했다. 바깥에 나가서 노는 일이 어려울 때 그림을 그리게 하면 정서가 좀 더 안정을 찾을 것 같았다. 상호는 자신이 그림을 그리고 있으면 엄마가 그런 거 할 시간에 수학 문제를 풀라고 다그친다고 했다. 그래서 집에서는 그림을 그릴 수 없다고 했다. 엄마에게 공부 정서가 안정되지 않을 때 앞으로 있을 수 있는 문제점과 사춘기의 갈등 가능성 등을 이야기했다. 지금부터라도 상호가 언제든 자유롭게 그림을 그리도록 하자고 말씀드렸다. 그림을 그려서 마음이 안정되면 공부 집중하는 힘이 더 커질 것이다. 또한 상호가 친구들과 놀 수 있는 환경을 꼭 만들어 보길 추천했다. 초등학생에게는 놀이가 중요하다. 친구들과 놀 수 있는 자리를 자꾸 만들어야 한다. 친구와 놀지 못하는 아이들은 외로움을 느낀다. 잘 노는 아이가 공부 집중력도 높다.

논의 끝에 상호를 수학 학원으로 보내기로 했다. 엄마가 가장 걱정하는 과목인데 지금처럼 엄마가 수학의 개념을 이해시키지 않고 답지를 보며 채점만 하는 상태에서 상호가 절대로 수학을 좋아할 가능성이 보이지 않았다. 수학은 학원에 맡긴 뒤 엄마는 수학에 대한 걱정을 내려 놓을 수 있었다. 혹시라도 걱정되는 것이 생기면 수학 학원 선생님과 상의해서 해결하기로 했다.

다른 모든 과목은 독서로 해결하자고 제안했다. 독서는 가장 저렴하고 가장 효과가 좋은 공부법이기 때문이다. 다행히 아직까지 상호가 독서를 싫어하지 않았다. 아직 어린 상호에게 집에서 책을 읽어주기도 하고 대화를 하면서 도서관에 가서 책을 빌려와서 읽기로 했다.

상호에게 하루에 동화책 한 권씩을 읽어주는 숙제를 내드렸다. 책을 읽으면서 이런저런 대화를 나누다 보면 아이는 엄마의 마음을 더 잘 이해할 수 있고, 엄마도 아이의 마음을 들여다 볼 수 있다. 엄마와 상호는 기질과 생각이 아주 다르기 때문에 엄마의 생각으로 활동을 진행했다가는 상호도 힘들고 엄마도 기대치에 미치지 않는 결과에 실망할 가능성이 높다.

공부 방식을 리모델링한 후 엄마의 걱정은 줄고 아이의 기쁨은 늘었다. 독서를 함께 하면서 아이의 생각을 들으며 엄마는 아이와 자신의 생각 차이가 크다는 것을 알게 되었다. 관계가 훨씬 부드러워졌다. 상담 후 상호는 친구들과 놀 수 있게 되었고, 수학 학원에 가게 되면서 답답함도 사라졌다. 좋아하는 그림을 그릴 수 있는 집에서 더 이상 뛰쳐나가고 싶지 않다고 했다. 모자가 함께 책을 읽고 대화를 나누는 한 격하게 반항하는 사춘기 없이 커나갈 수 있다.

인간은 본능적으로 이야기에 빠져드는 특성을 가진다. 『배고픈 애벌레』라는 책에 몰입하면, 배고픈 애벌레의 움직임에 몰입한다. 책 속 등장인물이 주고받는 말을 듣고 행동을 관찰한다. 아이는 오늘 벌레도 사람처럼 배고프면 먹는다는 생각을 했을 수 있다. 『여우와 두루미』에서는 상대를 배려하지 못하고 자기 기준에 치중한 나머지 초대받은 상대의 기분을 상하게 하는 장면이 나온다. 친구나 가족의 마음을 헤아리고 배려하는 마음이 싹틀 수 있다.

거실에서 지적하고 고함치는 시간이 많아지면 아이들은 각자의 방으로 숨는다. 장기적인 전략이 없는 실언을 매일 반복하는 꼴이다. 앞으로 아이들은 방어벽을 치며 대화할 것이다. 상처를 받지 않기 위한 본능이 그렇게 시킨다. 앞으로 지적하는 엄마나 아빠와 독서도 하고 공부도 할 때 하기 싫어질 위험이 커진다. 부모들이여, 아이들의 재미를 연구하라.

그림책으로 시작하자

제아무리 효과가 큰 독서라 해도 아이가 싫어하면 그만이다. 어떤 사소한 경험이나 선입견으로 책에 대한 거부감이 생기면 책은 아이 손에서 멀어진다. 그런데 독서라는 취미가 생기면 공부가 쉬워진다. 나는 어떻게 해야 아이들이 어릴 때부터 책을 좋아할지를 고심했다.

글자 없는 그림책은 엄마와 아이들이 교감하기 좋은 도구다. 현실에서도 사물의 이름을 관찰도 하고, 그림책으로 숫자, 시간, 색깔, 물고기, 꽃, 식물, 요일, 감정, 나라 등을 익히기 좋다. 예를 들어, 『배고픈 애벌레』라는 그림책을 자주 읽다 보면 어느 사이 과일 이름과 요일을 배운다. 아이들은 같은 책을 한 번만 보는 게 아니라 보고 또 보고 한다. 또래보다 말을 잘한다는 것은 이렇게 어휘를 잘 익혔을 때 들을 수 있는 칭찬이다.

아이가 어렸을 때부터 독서에 대한 좋은 인상을 심어주고, 언어 감각까지 키워주고 싶다면 글자가 없는 그림책으로 시작하자. 그런 다음 반복어, 의성어, 의태어가 나오는 쉬운 그림책으로 올라가서 점점 글밥을 늘려나가면 된다. 그 과정에서 엄마와의 교감은 덤이다.

2

◆ 가족이 함께 책을 읽어라 ◆

아이가 자주 울음을 터뜨리는가? 아이가 떼를 자꾸 쓰는가? 그렇다면 지금만 문제인 것이 아니다. 전부터 아이는 자기의 마음과 생각이 받아들여지지 않는 경험으로 불편했던 것이다. 엄마나 아빠와 아이의 생각은 태생적으로 많이 다를 수 있는데, 아이는 이해를 못 받아서 힘들었던 것이다. 사람의 차이는 공감으로 메꿔지고 극복할 수 있다.

떼를 쓰는 아이에게 재밌는 이야기를 해주자. 엄마의 옛날 이야기도 좋고, 책에서 읽었던 이야기도 좋다. 사람은 이야기를 좋아한다. 학창시절 다들 졸립고 공부하기 싫은 날, 선생님을 졸라서 첫사랑 이야기를 들을 때 잠을 자는 아이가 있었나 생각해 보시라. 잠은 간데없고, 수업 끝을 알리는 종소리가 원망스러웠다. 이야기를 해주신 선생님을 더 좋아하게 되었다.

호기심에 불을 붙여라
- 엄마가 하면 아이들은 궁금해 한다!

대학 시절 조정래의 『태백산맥』을 읽었다. 소설을 통해 한국 근현대사에 마음을 담고 그 시대의 아픔을 들여다보았다. 무거운 삶의 무게를 의연하게 짊어지고 가는 사람들 이야기를 듣고 나면 어느 새 나의 메마른 감성에 촉촉함이 생겨났다. 그러면 다시 주변 사람들을 너그럽게 이해할 여유가 생겼다.

첫째를 낳은 뒤 몇 년을 앞만 보고 달리다 지친 시기였다. 오랜만에 조정래의 다른 장편 소설『한강』을 읽기 시작했다. 주말이라 이모님도 댁으로 가셨고, 아이를 방에 재워 놓고 거실에서 『한강』 제2권에 빠져 들었다. 언제 깼는지 아이는 거실로 나와 내가 읽는 책에 눈을 고정하고 있었다.

"엄마, 이거 재미있어요?"
"응, 재밌지. 왜?"

"여기 그림이 하나도 없는데 재밌어요?"

"응. 그림이 없어도 재밌어. 엄마는 한글을 다 아니까 이게 무슨 말인지 알아. 글씨로 된 책은 그림책보다 재밌는 얘기가 더 많아. 계속 읽고 싶어."

"○○이도 한글 알고 싶어요….""

엄마가 하는 일에 좋은 기대감도 있고, 엄마가 재밌다고 하며 보니 자기도 읽고 싶어진 것이다. 지시하지 않고 보여주는 리더십이 발휘된 순간이다. 작은아이가 태어났다. 작은아이는 언니가 늘 말동무이자 놀이친구였기 때문에 언어 자극이 더 풍부한 환경에서 자랐다. 대체로 큰아이보다 작은아이가 언어 감각이 더 뛰어난 것은 큰아이가 좋은 말동무이기 때문이다.

어느 날 둘째는 왜 자기만 글자를 모르냐고 물었다. 질문을 듣고 때가 되었나 싶어, 큰아이가 놀던 한글 스티커 학습지를 한 세트 더 구입했다. 작은아이는 혼자서 책을 읽는 언니가 부러웠던 모양이다. 큰아이가 엄마를 부러워한 것처럼. 둘째도 첫째와 비슷한 놀이를 통해 재밌게 한글을 읽혔다.

호기심이 생겼을 때 노출하면 훨씬 학습 효과도 좋다. 아이들이 좋아하는 것은 단순하다. 의성어, 반복적인 소리, 큰 제스처를 동원하면 아이들은 저절로 웃는다. 웃음이 일어나는 활동은 놀이로 생각된다. 나는 스스로 배우고 싶은 때가 적기라고 강하게 믿는다. 반면 어른이라고 해도 배우기 싫은 것을 억지로 가르칠 수는 없다. 지속성도 없고 효과도 없기 때문이다.

큰아이는 엄마가 그림도 없는 책을 계속 읽는 것이 신기했던 모양이다. 그림이 없어도 너무나 재밌는 내용이라서 읽는다는 엄마의 말에서 자기도 그 재밌는 책을 읽고 싶다는 마음을 받았을 것이다. 작은아이는 언니가 재밌게 책을 읽는 모습을 보면서 자기도 언니처럼 혼자 읽고 재미를 갖고 싶은 마음이 들었던 것이다. 우리도 좋아하는 사람이 하는 일은 나도 하고 싶다는 생각을 하지 않던가. 다행인 것은 아이를 보시는 이모님도 아이들이 책을 볼 때는 돋보기를 쓰시고 신문이나 책을 읽곤 하셨다. 책으로 빠져들지 않을 수가 없는 환경이었다.

아빠도 아이 독서에 참여시키자

7세 아들을 둔 맞벌이 엄마가 아들의 독서에 아빠가 참여할 수 있는 방법을 문의했다. 처음부터 아빠와 아이가 함께 잘 놀거나 책을 같이 읽는 등 시간을 함께 보내면 아이의 정서 안정에도 좋다. 책은 학원에 의존하지 않고 공부를 잘하게 하는 장기적인 전략이 되기도 한다.

엄마: 교육 전문가들이 그러는데 책을 많이 읽으면 학원 안 다니고도 공부 잘할 수 있대. 처음부터 책을 좋아하게 하려면 독서 습관이 들 때 까지는 부모가 소리 내서 읽어주는 게 좋대. 우리 둘이 힘을 합쳐서 해 보면 어떨까?

아빠: 그럼 좋지.

엄마: 어렸을 때 엄마나 아빠가 나에게 책을 읽어주셨다면 두고두고 기억났을 거 같애.

아빠: 당신이 매일 지율이 잘 때 책 읽어주잖아.

엄마: 지율이는 혼자 읽는 건 싫어하는데 내가 읽어주면 집중 잘해. 혼자 읽기 잘할 때까지는 낮에도 가능하면 많이 읽어주려고. 당신이랑 같이 나눠서 하면 좋겠어. 그래야 지치지 않고 오래 하지. 4지 선다형으로 물어볼게. 당신이 좋은 시간 골라 봐.

1) 매일 엄마가 저녁 설거지 할 때 아빠가 읽어준다.
2) 매일 낮에 아빠가 한 권씩 읽어준다.
3) 주중은 피곤하니까 주말에 왕창 몰아서 읽어준다.
4) 엄마와 아빠가 하루씩 번갈아 읽어준다.

엄마: 몇 번이 좋아?

아빠: 3번. 주말이 낫지. 주중엔 피곤하고 집에 오면 그냥 쉬고 싶어.

엄마: 좋아. 지율이 횡재했네. 지율아, 앞으로 주말에 아빠가 책 읽어 주신대. 아빠랑 읽고 싶은 책도 지율이가 골라!

지율: 엄마랑도 계속 책 읽고요?

엄마: 그럼. 당연하지. 엄마랑 아빠랑 누가 더 잘 읽나 지율이가 심판이야. 우리 지율이 매일 책 읽으니 점점 더 똑똑해지겠다.

지율: 히히.

아빠: 아빠는 지율이가 좋아하는 공룡책 읽어줘야지!

엄마: 엄마가 더 재밌게 읽을 수 있어. 아자!

지율: 엄마랑 읽을 책 지금 골라놔도 돼요?

엄마: 그래 그래! 골라서 침대에 올려 놔.

(주말에 아빠와 지율이가 책을 같이 읽은 후)

엄마: 내가 지율이한테 아빠랑 책 읽으니까 어떠냐고 물어봤거든. 근데 재밌었대. 아빠랑 더 친해진 거 같대. 아들 똑똑해져, 아들이랑 친해져! 당신한테 물어보길 잘했네.

아빠: 그래, 다행이네.

엄마: 지율이랑 책 읽으면서 대화하면 지율이가 어떤 생각을 하는지 알 수 있더라고. 평소 내가 해주고 싶은 말도 하면 잘 들어. 이젠 아빠랑도 좋은 얘기 나누지, 책에서도 좋은 말 계속 듣지. 우리 아들 기분 좋겠네. 땡큐야, 여보.

아이는 앞으로 살아가는 데 필요한 가치관을 부모를 통해 배운다. 책을 사이에 두고 자연스럽게 엄마와, 아빠와 대화하는 사이 아이는 엄마와 아빠의 살아가는 태도를 배운다. 작가가 주고 싶은 가치관도 마음에 차곡차곡 담는다. 어떤 태도가 더 좋을지 생각하며 주관을 형성하면서 자신만의 철학이 뿌리 내리게 된다.

아이 교육은 혼자서 하기에 너무나 벅찬 일이다. 아직 아빠가 적극적으로 육아나 독서에 개입하지 않고 있다면, 앞의 지율이 엄마와 아빠가 나눈 것과 비슷한 대화로 참여의 즐거움을 알게 하자. 아빠는 하고 싶지 않은 것이 아니라 잘 모르기 때문에 지금까지 살던 대로 그냥 하고 있을 것이다. 아빠의 자리를 항상 집밖에 두고 살았던 전통 문화에서 벗어나는 방법을 아빠들에게 가르쳐주자. 아이들에게 따뜻한 아빠로 기억되게 하자.

아빠도 육아의 기쁨을
누리도록 같이 놀았다

기왕 할 일이라면 즐겁게 하자는 태도로 살았다. 긍정성이 넘치는 것 때문인지 아이들을 좋아해서인지 피곤을 끌고 퇴근해도 집에 오면 새로운 에너지가 넘쳤다. 거실에서 한바탕 아이들을 안고 놀고 얘기를 하고 있는데, 남편이 그런다. "당신은 회사에서 그렇게 일하고 안 피곤해?" 나는 대답했다. "지금 이게 충전하는 건데. 아이들 너무 보고 싶었으니까 이렇게 충전해야 내일 또 일하지. 애들 효도는 7살까지 하는 거라잖아. 지금 열심히 즐겨야 나중에 기억할 게 있지. 당신도 후회하지 않으려면 열심히 참여해." 남편은 고개를 끄덕이며, "그렇게 생각할 수도 있구나…."라고 했다. 육아가 어찌 즐겁기만 할까. 하지만 즐기는 마음으로 바라보면 육아는 힘의 원천이 되었다. 남편과 나는 육아라는 즐거움을 공유했다.

아이들과 놀며 에너지 충전 중

대학에서 아동심리학을 배우면서 결혼 후 남편에게서 육아의 기쁨을 빼앗지 말고 공유해야겠다고 생각했었다. 우리의 이런 육아 방식에 이모님도 동참하셨다. 이모님은 거실 한 켠에 돋보기를 가져다 놓으시고 아이들이 읽어달라는 책도 읽어주시고, 가끔은 당신도 책을 읽으면서 너무 재밌다고 하셨다. 아이들 눈높이로 함께 그리고 만들고 춤추고 노래하셨다. 저녁이 되면 이모님의 목이 잠겼다. 낮에 너무 재밌게 노셨다면서.

'이모님'과 음악 놀이 중인 첫째

3

✦ 모든 학습을 놀이화하라 ✦

즐거운 놀이는 아이의 의욕이 된다

놀이는 후유증이 없다. 아이들은 숨바꼭질을 같이 해주며 놀아주는 엄마 아빠를 좋아한다. 부모와 보내는 즐거운 경험을 통해 세상은 믿을 만한 곳이라는 긍정 심리가 뿌리내린다. 이 시기에 충족되지 않은 욕구가 평생을 따라 다니며 마음의 병을 만든다. 어렵게 생각하지 말고 엄마 아빠가 어린이로 돌아가서 그때 놀고 싶었던 마음으로 아이와 함께 즐겨보시라.

어린 아가들은 언어의 유희를 즐긴다. "돌이 또르르르르르 굴러간다." 라고 하면 아이는 까르르 웃는다. 반복되는 소리, 된소리, 거센소리, 의성어, 의태어, 괴상한 소리를 좋아한다. 수다스러운 부모는 아이 언어 발달에 이롭다. 아기는 수만 번 '엄마'라는 단어를 들어야 '엄마'라는 말을 뱉을 수 있다고 한다. 의미 없어 보이는 말을 조잘조잘 떠드는 실력을 키워야 한다. 특히 생후 몇 년간은 열성적으로 긍정 수다를 많이 해보자. 수다를 통해 아이는 엄마와 정서를 교감한다.

게다가 요즘은 아이들이 즐겁게 한글을 배우는 도구와 교수법이 발전했다. '자음'과 '모음', '기역' '니은' 식의 어려운 용어를 전혀 사용하지 않고도 우리말의 과학적인 조합 원리를 아이는 저절로 이해하게 된다. 인터넷에서 스티커 학습지를 발견했다. 방문 선생님이 집으로 와서 수업을 해주는 프로그램이 있었지만 도구만 구입했다. 아이들과 재밌게 노는 일은 내가 좋아하는 일이었기 때문이다.

스티커를 뗐다 붙이는 것은 아이들이 좋아하는 손놀이다. 놀이로 하니까 그 자체가 즐거운데 덤으로 한글도 익히는 것이다. 그림과 글씨가 하나의 스티커에 들어 있다. 아이는 글자만 보고도 그 단어를 말한다. 왜냐면 초록색의 수박 껍질 색깔로 '수박'이라 적혀 있기 때문이다. 수박 색깔로 쓰여진 '수박'이라는 글자 스티커를 조막만한 손으로 뗐다 붙였다 반복하는 것이다. 동작마다 약간의 변화를 주며 반복하는 사이 아이는 검정색으로 적힌 '수박'이라는 글자를 이미지로 기억하게 된다.

아이는 아는 글자가 늘어나는 것에 기분이 좋았다. 자기가 아는 글자가 간판이나 전단지에 나타나면 신기한 것을 발견한 듯 기뻐했다. 스티커 놀이를 얼마나 재밌어 하던지 자꾸 더 하고 싶어 했다. 하지만 남은 키트를 보이지 않는 곳에 숨겨 두었다. 더 하고 싶은 마음을 참고 기다려야 할 수 있는 놀이여서 그 과정이 더 즐겁게 인식되었을 것 같다. 글자를 읽을 수 있다는 것은 아이에게는 엄청난 변화다. 엄마 아빠와 이모님이 읽었던 책의 제목에서 자신도 아는 글자를 찾아내는 재미에 빠진다. 좀 더 많은 단어를 알고 싶어진다.

우리 아이들이 어렸을 때와 다르게 게임이나 놀이 방식으로 공부하는 프로그램이 많아졌다. 기왕이면 지루한 방식보다는 즐거운 방식으로 영어, 수학, 과학, 예체능의 기초를 다지도록 방법을 찾아보자. 아이가 "아, 이거 재밌겠다!"라고 생각해서 시작한 프로그램이 효과도 좋다. 공부에 왕도는 없다지만, 초기 학습은 아이가 부담스러워 하는 방법을 최대한 피해 놀이식으로 접근하자.

인생의 행복 수준을 좌우하는 0~3세 놀이

심리학자들은 인간이 심리적으로 안정된 삶을 사는 데 가장 중요한 시기를 0~3세라고 이구동성으로 말한다. 시간이 지날수록 이 말의 중요성이 절실하게 생각되기 때문에 학교 교육에서 육아와 교육에 대한 단계별 중요성을 꼭 가르쳤으면 하는 바램이 생길 정도다.

이 시기에 큰아이와 작은아이 모두 많은 스킨십을 했다. 자주 안아주고 뽀뽀하고, 팔다리를 주무르고, 볼을 비비고, 배에다 얼굴을 묻기도 하고, 팔에 바람을 불어 방구 소리를 내기도 하고…. 온갖 손놀이와 신체 놀이를 많이 해주었다. 놀이를 하는 동안 아이는 늘 종알종알 말했고, 나도 아이가 된 듯 아이 말에 맞장구를 쳤다.

숫자에 대한 느낌을 알려주는 과정 중에는 계단놀이를 했었다. 엘리베이터를 타는 대신 숫자 놀이를 하며 계단을 오르내렸다. 그게 얼마나 재밌던지 엘리베이터를 타고 싶지만 손을 잡고 계단으로 가자는 요구를 들어주곤 했다. 16층을 걸어서 오르내리며 "일, 이, 삼, 사, 오, 육… 구십구, 백!"을 세는 '공연'을 수백번은 했던 것 같다.

둘째 아이 출산을 100일쯤 앞두었던 시기였다. 아이와 서점을 갔다가

1에서 100까지 숫자가 적힌 커다란 포스터를 샀다. 거실 벽에 아이와 키 높이를 맞추어 붙였다. 스카치 테이프로 동그라미 모양을 만들어서 숫자 100에 붙였다. 그리고 '복덩이' 동생이 몇 밤을 자면 우리에게 오는지를 세어보자며 매일 숫자를 카운트다운 해나갔다. 아이는 아침에 일어나자마자 가장 먼저 거실 벽에 숫자판으로 달려갔다. 조막만한 손으로 동그라미 테이프를 떼어서 1이 낮아진 바로 옆 숫자로 옮겨 붙였다. 100일, 99일… 90일, 80일, 70일… 내려왔다. 20일을 지나 19, 18, 17… 이렇게 매일 내려오던 어느 날 아이는 내게 19를 '일십구'로 읽어야지 왜 '십구'라고 읽느냐고 물었다. 예상하지 못했던 질문이었지만, 최대한 아이의 눈 높이에 맞추어 설명했다.

"○○아, 우리 집이 일십육 층에 있어 십육 층에 있어?"

"십육 층이요."

"그렇지? 10부터 19까지는 우리가 맨날 맨날 말하니까 더 쉽게 말하고 싶어. 그래서 '일'자를 빼기로 약속한 거야. 그래서 십일, 십이… 십육… 십구라고 말하는 게 편해. '일십구'라고 해도 돼. 근데, 엄마는 '십구'가 더 편해. 그래서 십육 층이라고 말하는 거야."

설명에 정답은 없다. 그저 아이의 눈을 바라보며 아이가 납득하는 표정을 지을 때까지 아이가 아는 말을 최대한 사용하여 설명했다.

'독서는 재밌는 것'이라는 첫인상이 중요하다

독서를 아이 교육의 중심 공부법으로 삼겠다는 목표를 가졌기 때문에 책에 대한 좋은 첫인상을 주고 싶었다. 아이 교육에서 가장 중시했던 원칙이 있다면 아이가 스스로 하고 싶다는 동기를 갖도록 하는 일이었다. 스스로 하고 싶어 시작한 일은 놀이처럼 느껴진다. 어려워도 해내면서 성취감을 느낀다.

아이가 어려서부터 책을 좋아하게 하려면 어떻게 해야 할까? 태어나면서부터 책을 좋아할 수는 없다. 책은 좋아할 수도 있고 싫어할 수도 있는 중립적인 물건이다. 좋아할 계기가 필요하다. 처음 책이 재밌으면 반은 성공이다. 그림책을 재밌게 읽어 주는 것이 그 출발점이었다. 그림 없는 책을 가족이 모두 읽고 있으니 신기했을 것이다. 재미가 있어 보였을 것이고 호기심이 생겼을 것이다. 그래서 아이가 한글을 알고 싶다고 말했다면 동기는 충분히 찬 것이다. 그때가 적기다. 두 아이 모두 어느 날 글자를 알고 싶다고 했고, 그때부터 한글을 가르쳤다. 하고 싶어서 하는 일에는 나이를 불문하고 끈기와 집중이 동반된다. 더 일찍 억지로 하는 것보다 늦더라도 원해서 배우는 것이 결과적으로 더 빠른 길이다.

책을 읽는 아이를 자주 칭찬하면 100% 성공이다. 아이와 책을 연결해

주는 중간자는 부모다. 아이의 눈높이에서 함께 놀아주는 부모가 책을 즐기는 아이로 키우는 데는 유리하다.

읽는 책이 두꺼워진다는 것은 책 속에서 많은 이야기가 진행된다는 것이다. 그 안의 스토리에 집중하기 시작하면 더 이상 아이들의 독서를 즐겁게 만들기 위한 부모의 노력이 불필요하다. 반대로 시도 때도 없이 읽으려고 하는 아이들의 독서를 절제시켜야 한다. "어두운 데서 읽으면 눈에 좋지 않다, 밥을 먹고 읽어라, 길거리에 다니면서는 위험하니까 절대로 읽지 마라, 학교 수업시간에는 읽지 마라…." 그래서 이런 말도 해봤다. "밥을 잘 먹은 사람은 책을 읽을 수 있다!" 그럼 "네!" 하면서 아이들은 밥을 뚝딱 해치웠다. 책의 내용이 놀이보다 재밌는 한, 독서 자체가 놀이다. 독서는 일석십조가 되는 비밀병기다.

주말 나들이는 자연스럽게 독후활동이 된다

주말이면 가족 나들이를 했다. 주중에 일하느라 함께 많이 놀지 못한 것을 보충할 수 있는 시간이었다. 아이들이 하루에 여러 권씩 책을 읽었더라도 엄마 아빠는 귀가하여 책에 대해 일일이 대화할 수는 없었다. 가족의 주말 나들이는 휴식이기도 했고, 아이들이 일주일간 읽고 생각한 것을 나누는 넓은 의미의 독후 활동이었다.

주말은 아이들과 세상을 체험하러 가는 시간이었다

두 딸은 같은 시간에 함께 책을 읽고 얘기를 나누고 함께 그림을 그렸다. 이것이 자연스러운 실전 독후 활동인 셈이다. 책을 읽고 독후감을 쓰라는 의무사항이 꼬리표로 달린다면 책읽기가 부담될 것이다. 독서가 취미가 되려면 억지로는 안 된다. 과정이 즐거워야 하고 칭찬은 양념이 된다. 잘하지 못해도 칭찬할 일은 많다.

주말은 주로 가족이 외출을 했다. 여행은 가족 간 대화를 확대시킨다. 같은 책을 읽으면서 나누었던 대화들이 야외에서는 다른 방향으로 확대된다. 아이들은 책읽기도 주말 외출도 싫다고 말한 적인 없었다. 아이들이 읽고 싶은 책을 읽게 했고, 가고 싶다고 말하는 곳으로 갔기 때문이다. 활동 하나 하나에 완벽성을 추구하는 대신 상황에 따라 조절하면서 편안함을 유지했다.

아이들은 초등학교에 들어가기 전부터 독서가 즐겁다는 것을 온 마음으로 알고 있었다. 조리 있고 실력 있는 사교육을 뿌리칠 수 있는 마음을 갖춘 것이다. 시험공부를 하는 사교육을 멀리하고 편안한 독서를 마음에 들이게 하고 싶었다. 이때까지 독서가 뿌리내리지 않으면 사교육 중심인 우리나라에서 순식간에 아이들의 하루를 학원의 연속으로 채우고도 더 좋은 학원을 탐색하고 싶을 테니까. 독서는 잘 보이는 좋은 것들에 눈을 감을 수 있는 용기가 필요한 일이기도 하다.

책을 읽고 나서 어떤 대화를 하면 좋을까?

의무적으로 독후 활동을 해야 한다면 마음은 독서를 밀어낸다. 무엇을 읽을 것인지는 아이 마음에 달려 있다. 책이 좋다는 첫인상을 심어주었다면 독서의 첫 단추는 잘 끼운 셈이다. 다음은 스스로 찾아 읽도록 독서 습관을 잡아줘야 한다. 퇴근 후 아이들이 읽은 책에서 발견한 내용으로 대화를 할 수 있었다.

책을 제대로 읽었는지 테스트하듯 하면 아이는 책읽기를 두려워하게 된다. 책을 통해 아이가 느꼈을 감정이나 생각이 궁금하지 않은가. 그것을 자연스럽게 물어 보고 엄마와 아빠의 생각도 말해 본다. 아이의 독서력이 올라갈수록 한 가지 주제로 긴 토론을 할 수도 있다. 독후감이나 독후 활동을 고집하다가는 책읽기가 싫어지니 소탐대실이다. 책 덕분에 대화할 거리가 생겼다는 정도로 가볍게 대화를 즐기자.

- 책 재밌게 읽었어?

- 이 책 작가가 누구야?

- 등장인물은 누가 나와?

- 언제, 어디서 일어난 이야기야?

- 이 책은 어떤 내용이야?

- 제일 기억나는 일이 뭐야?

- 주인공에게 어떤 어려움이 있었어?

- 어려움을 어떻게 해결했어?

- 너도 그런 어려움 겪은 적 있어?

- 그 문제를 너라면 어떻게 해결할 것 같아?

- 책을 읽으면서 궁금한 점이 있었어?

- 작가가 우리에게 무슨 말을 하고 싶은 걸까?

- 이 작가가 쓴 다른 작품도 있어?

- 이 책을 왜 읽고 싶었어?

- 어느 부분이 제일 재밌어?

– 주인공의 행동을 너는 어떻게 생각해?

– 등장인물 중에서 누가 제일 마음에 들었어? 왜?

– 네가 주인공이라면 어떤 기분이 들 것 같아?

– 네가 주인공이라면 어떻게 했을 것 같아?

– 너는 20년 후에 어떻게 살 것 같아?

– 책을 읽고 나서 뭐 해 보고 싶었어?

– 책에서 느낀 점을 그림으로 그려 볼까?

– 다음엔 어떤 책을 읽고 싶어?

– 네가 작가라면 내용을 어떻게 바꿔보고 싶어?

– 이 책을 이어서 같이 이야기를 지어내 볼까?

4

✦아이가 직접 책을 고르게 하라✦

재미는 강요할 수 없다

무언가 잘하게 되고 최상위에 오르기 위해서는 어느 한 가지 성공 요소만 갖춰서는 어렵다. 천재도 최하위에 머물 수 있고, 머리가 좋지 않아도 다른 요소들이 힘을 내서 최상위가 될 수 있다. 타고난 머리, 뚜렷한 목표, 승부욕, 멘탈, 능력, 체력 등 다양한 요소가 복합적으로 작용한다. 그러나 이중 확실한 것은 재미는 강요할 수 없다는 점이다.

독서를 즐기는 아이로 키우려면 아이가 읽을 책은 아이가 고르게 하

라. 어떤 책을 언제 어디서 어떻게 읽을지를 스스로 선택하게 하지 않고 엄마가 다 정해서 시키면 흥미가 떨어진다. 중학생까지 독서만 꾸준히 할 수 있게 분위기를 잡아주면 반드시 공부를 잘하는 아이가 된다. 아이 근처에 책을 놓는 것은 엄마일 수 있지만, 그 책을 펼치는 것은 아이 마음에 달려 있다. 나는 이런 마음가짐으로 책을 싫어한다던 아이들의 입에서 책이 재밌다는 말이 나오도록 했다. 닫힌 마음을 여는 데 시간이 많이 걸린 아이는 있지만 아직까지 실패했던 적은 없다.

나는 어떤 책이든 읽기 전에 아이에게 한 페이지를 먼저 보게 하고, 이 책을 읽을 것인지를 물어본다. 자기 스스로 선택하면 재미와 책임이 동시에 올라간다. 무엇이든 의무로 할 때보다 즐거울 때가 집중력이 더 높다. 아이가 책을 읽는 동안 표정과 눈동자의 움직임을 살펴보면 얼마나 책에 빠졌는지 알 수 있다. 꼬치꼬치 캐묻거나 테스트를 해서 아이를 긴장시킬 필요가 없다.

책 쇼핑하러 가는 날

아이들이 자랄수록, 책 읽는 속도는 점점 빨라졌다. 맞벌이 부부라 일일이 좋은 낱권의 책을 구입할 시간이 없어서 전집 도서를 찾았다. 어린이 도서 전문 출판사들은 분야별로 영유아 전집 도서를 발행하고 있었다. 아동 전집은 할인도 많이 되었다. 전집은 두 아이들이 읽을 거리를 값싸고 쉽게 해결하는 방법이었다.

창작동화, 세계명작, 전래동화, 자연관찰, 사회과학, 위인, 한국사, 세계사, 수학, 영어 등 교과서와 연계된 주제별로 필요한 지식을 체계적으로 분류하여 싣고 있었다. 딸들은 책이 재밌다는 것을 알고 있었기 때문에 다양한 책을 골라 주고 싶었다. 내 배로 낳은 아이들이지만 취향은 다르게 태어나기 때문에 아무리 인기 있는 전집이라고 광고가 나와도 내 마음대로 구입하지는 않았다.

아이들 스스로 골라서 전집을 산다면 특정 분야에 쏠리지 않고 골고루 오래 읽을 수 있을 것 같았다. 직접 볼 수 없을 때는 맛보기로 한두 권을 구해서 읽어보게 했다. 그리 까다롭게 책을 고르는 편이 아니었지만 같은 내용을 다르게 기록한 전집이 여러 가지 시중에 나와 있었고, 두 아이에게 각각 좋아하는 글의 스타일과 그림이 있는 것은 분명해 보였다.

매 학기 방학식 다음날에는 집 근처 아동전집 판매점에 갔다. 아이들이 방학 중에 읽을 책을 구입하는 날이다. 사장님은 단골인 우리 가족을 반갑게 맞아주셨다.

"책을 어찌 이리 좋아하나요? 따님들처럼 책을 잘 보면 부모님들이 얼마나 좋겠어요?"

사장님은 지난 학기 책보다 조금 높은 수준의 전집을 추천해 주셨다. 전집마다 한두 권을 견본으로 아이들 앞에 놓아주셨다. 아이들은 끌리는 책부터 읽었다.

어떤 책을 살 것인지는 아이들이 결정하게 했다. 부모가 읽을 책이 아니기 때문이다. 무슨 일이든 스스로 결정해야 재미가 생기지 않던가. 초등학교 내내 그렇게 책을 구입했다. 큰아이 위주로 책을 구입해 두면 작은아이는 덤으로 같이 읽곤 했다. 주로 비슷한 취향이었지만, 세세한 독서 경향은 달랐다. 다른 것은 다른 대로 두면 되었다.

오전에 매장에 도착한 경우엔 책을 보다가 점심을 먹고 나서 더 읽었다. 아이들이 재밌다며 결정한 전집을 사서 배송시키면 방학 공부 계획이 다 되었다. 두세 가지 전집이 도착하면 아이들은 가장 마음에 들었던 전집부터 손을 대기 시작했다.

마음에 들어 구입했어도 손이 잘 가지 않는 전집이 있다. 왜 그런가 하고 내가 직접 읽어보았다. 스토리 구성이 엉성하고 억지스러워 기대되는 마음이 생기지 않는다. '너희가 골랐으니 모두 다 읽어!'라고 하지는 않았다. 누구에게나 싫은 책은 있기 때문이다. 독서광이라 하더라도 어느 책은 더 읽고 싶고, 어느 책은 구미가 당기지 않는다. 이미 사 둔 책이 아까워서 억지로 읽게 했다가는 가장 중요한 흥미를 잃을 수 있다. 빈대 잡으려다 초가삼간 다 태우면 안 된다. 요즘 출간된 책들은 품질도 좋은 데다가 할인도 많이 되어서 권당 2~3천 원에 구입할 수 있었다. 게다가 아동 전집 판매점 사장님은 두 아이가 다 읽은 전집을 적절한 가격으로 매입해주었다. 이밖에도 인터넷에는 중고서적 시장이 잘 형성되어 있다. 인기 시리즈를 저렴하게 구입하기에 좋았다.

같은 주제로 여러 가지 전집을 권하면 딸들은 한 권씩 읽어보고 한 가지를 골랐다. 주로 두 아이의 선택은 일치했다. 선택한 이유가 뭔지를 물어보면, 그림이 마음에 든다거나, 이야기가 억지스럽지 않고 재밌어서 골랐다고 대답했다. 교과 연계를 한다면서 억지스러운 이야기에 교과서 내용을 끌고넣으면 집중이 되지 않는 것이다. 이야기 자체가 좋은데 그 안에 교과서 내용이 덤으로 나오는 수준을 가장 좋아한다. 전혀 공부인 줄 모르고 즐겼다는 생각만 든다. 지식은 그냥 덤이다. 한두 권 읽고서 재밌어서 샀기 때문에 집에 책이 배달되면 당장 다음 책을 꺼내서 읽는다. 아이들은 이렇게 방학마다 자기들이 고른 책과 즐거운 시간을 보냈다.

5

◆ 재밌는 만화책을 활용하라 ◆

만화책은 독서의 세계로 가는 징검다리!

"아이들을 책으로 안내하는 가장 강력한 방법은 가벼운 읽을거리를 만나게 해주는 것이다"

『클라센의 읽기 혁명』, 스티븐 클라센, 르네상스(2013)

학원으로 지친 아이의 일상에 독서를 끼워 넣을 수 있을까? 입장을 바꿔서 생각해 보자. 이 글을 읽는 독자는 긴 하루를 보내고 집에 돌아와 스마트폰을 보고 싶은가, 독서를 하고 싶은가? 독서를 웬만큼 좋아하는 사람이 아니라면 스마트폰을 택하지 않을까? 학원 수업을 마치고 귀가한 아이들에게는 숙제할 시간도 부족하다. 이렇게 바쁜 아이도 쉽게 손에 들 수 있는 책이 있다면 아마도 만화책일 것이다. 독서를 싫어하는 아이들조차도 "만화는 좋아해요."라고 말하는 경우가 많다.

"만화가 독서야? 그건 공부가 아니지."라고 말하는 분들이 있다. 만화를 공부의 방해물로 인식한다. 하지만 독서에 쉽게 빠져들지 못하는 아이들에게 만화를 징검다리로 활용해서 독서에 이르게 할 수 있다. 그림으로 웃음을 유발하고 이해할 수 있어 글이 별로 필요하지 않기도 하다. 또 만화를 많이 본 아이들은 책을 속도감 있게 읽는다. '독서는 꼭 정독을 해야 한다'는 편견을 가지지 않는다.

나는 영어 원서 읽기를 지도하면서 책을 싫어한다던 아이들에게 한글 책도 영어 책도 읽게 하는 일을 오랫동안 해왔다. 독서를 싫어한다는 아이들을 독서의 세계로 안내할 때 만화책이 큰 도움이 되었다. 만화책을 다 읽은 아이에게 "어땠어?"라고 물으면 아이는 만화책에 대한 이야기를 해준다. 그러면 나는 "○○이는 책을 좋아하네!"라고 칭찬했다. 그렇게 책에 대한 아이의 마음이 긍정으로 돌아서게 하곤 했다. 그 다음 책도 재밌어 할 것으로 골라 권해준다. 책이 좋다는 생각으로 책이 싫다는 생각을 덮어버린다.

만화의 장점 ① 넓은 의미의 공부지만 휴식이기도 하다

지식 도서만 읽으며 살 수는 없다. 만화책은 독서의 휴식 같은 장르다. 하루 중 어느 시간엔 긴장을 내려놓고 놀거나, 영상을 보면서 머리를 식혀야 스트레스가 해소된다. 종일 공부하느라 긴장했던 뇌를 말랑말랑하게 풀어주는 데 만화는 제격이다. 만화도 상식이나 다양한 알 거리를 제공한다는 면에서 넓은 의미의 공부다. 그러나 형식이 편안하기 때문에 많은 아이들이 만화를 보는 시간은 노는 시간으로 생각한다.

만화의 장점 ② 쉬워서 독서 자신감을 심어준다

자신이 아는 어휘 수준보다 책이 어려우면 집중할 수 없다. 모르는 단어를 만날 때마다 단어 찾기가 싫어서 책읽기를 포기할 수도 있다. 잘 모르는 주제를 읽을 때는 글밥이 많은 책보다는 만화로 진입하면 쉽게 그 주제로 한 발 디딜 수 있다. 예를 들어, 〈삼국지〉 원작을 읽기는 부담스럽다. 그래서 아이들을 위한 〈어린이 삼국지〉 시리즈가 많다. 그마저 어려운 아이들을 위한 〈만화 삼국지〉가 있는데, 만화이기 때문에 편한 마음으로 책을 들고 흥미 있게 볼 수 있다. 웃기는 장면도 많고, 모르는 말이 나와도 만화에서 보여주는 표정이나 장면 묘사를 통해 이해할 수 있다. 독서에 부담을 갖는 아이에게는 아이가 좋아하는 주제의 만화책을 권해서 '나도 책을 잘 읽을 수 있구나!' 하는 자신감을 먼저 심어준다.

재미삼아 보았던 〈만화 삼국지〉의 대략적인 스토리가 아이 머릿속에 남아 있으면, 시간이 흘러 서점이나 도서관에서 〈어린이 삼국지〉를 발견 했을 때 아이는 읽고 싶은 마음이 생길 것이다. 책에 대한 부담감을 만화 가 풀어주었기 때문이다. 아이에게 아직 어려운 주제라면 만화 버전으로 가볍게 시작하게 해보자.

만화의 장점 ③ 자연스럽게 지식을 습득한다

만화는 스토리와 그림으로 되어 있다. 알려주고 싶은 과학 지식이나 원리를 등장인물의 생활 속에 살짝 살짝 끼워 넣는다. 무심코 지나칠 수 있는 생활 속 과학 원리를 그냥 암기하려면 지겹지만, 만화는 주인공들 이 낄낄 거리는 상황에서 조금씩 원리를 방출하기 때문에 아이들 머릿속 에서 공부라는 생각은 없어진다. 읽는 만화의 양이 많아지면 딱딱한 도 서 몇 권의 분량을 웃으며 이해한 꼴이 된다. 티끌 모아 태산이다.

다양한 분야의 만화책을 통해 상식 늘리기

우리집 두 딸도 만화광이다. 오락용 만화책도, 교과 연계 학습 만화도 읽었다. 문학, 과학, 수학, 한국사, 세계사, 정보, 사회, 문화, 예술, 한자 등에 대한 만화를 읽었다. 낱권의 책으로 보급하기 어려울 때는 교과 연계 학습 만화 시리즈를 사주었다. 딸들은 특히 과학과 역사 만화를 탐독했다.

'스스로 찾아서 하는 공부라야 재밌다'는 나름의 가설을 세우고 두 아이들의 교육을 시작했다. 아이들이 과학을 좋아하게 된 가장 큰 이유는 만화잡지인 〈어린이 과학동아(어과동)〉이었다. 다음 호가 집에 배달될 때까지 학교에 갔다 오면 "엄마, 〈어과동〉 아직 안 왔어요?"라고 물은 적이 많았다. 지난 호의 이야기가 클라이맥스에서 끊겨서 그 다음 이어질 내용이 궁금한 거다. 만화와 기사가 반반 정도 비율로 이뤄졌는데, 아이들은 늘 만화부터 읽었다. 킥킥거리며 즐기는 사이 과학 수업에서 배울 개념을 미리 익혔다.

과학으로 가득한 일상을 보여주기도 했다. 예를 들어, '맨홀의 뚜껑은 왜 동그란가?'라는 질문을 하고 답을 준다. 질문만 들어도 답이 궁금해지니 집중해서 읽게 된다. 아이들은 읽으면서 "엄마, 이거 아셨어요?"라고 물었다. 주인공들의 입담과 스토리는 웃음을 주고, "아, 그렇구나!"하는 과학 상식을 주워 갈 수 있다.

과학 상식이 늘면서 과학 수업과 도서를 부담스러워 하지 않게 되었다. 만화로 흥미를 일으키고 상식을 쌓아 점점 지식도서로 유도한다. 만화 속에서 보았던 상식의 범위는 과학 교과서를 넘어가고, 시험 기간에 살짝만 공부해도 점수는 괜찮았다. 딸들이 특별한 노력을 기울이지 않아도 두각을 나타내는 과목은 독서로 여러 겹 훑고 지나간 영역이었다.

역사가 어렵다는 아이들이 많다. 나도 그랬었다. 스토리가 없는 왕의 업적과 연도를 암기하는 것이 역사인 줄 알았었다. 의미도 없어 보였고, 진실인지도 모르는 것들을 암기하면서 역사가 싫어졌다. 뒤늦게나마 아이들과 함께 역사 만화를 읽으며 역사가 얼마나 재밌고 중요한지 눈을 뜨는 경험을 했다. 역사를 지루해 했던 시간이 아까웠다. 만화 속 이야기 진행이 속도감 있어서 짧은 시간에 역사 전체를 훑어보기에 적합하다. 전체를 인식하지 못하고 부분에 치중하는 한국사와 세계사는 저절로 잠이 오는 지루한 공부가 된다. 스토리만 창의적이면 시간 가는 줄 모르고 읽는다. 세계사도 한국사와 마찬가지로 흐름이 중요하다. 한국사든 세계사든 같은 시대에 주변국의 상황을 함께 보면서 상호 관계를 알아야 종합적으로 이해할 수 있다.

한자 공부에도 만화는 유익했다. 〈마법천자문〉이라는 만화 시리즈가 아이들의 흥미를 끌었다. 웃긴 상황에 맞는 사자성어를 알려주었다. 한자의 음과 뜻을 친절하게 설명했기 때문에 한자 공부가 되었다. 한자를 알고 싶어서 만화를 읽는 것은 아니지만, 만화가 재밌어 읽다 보니 한자가 덤으로 기억된다. 아이들이 본 만화책 읽는 시간을 아이들은 공부라고 생각하지 않았다. 힘든 일을 하고 나면 쉬고 싶다. 그럴 때 만화를 들고 하하 호호 하면서 쉬는 것이다.

그밖에도 아이들의 손을 거쳐간 만화는 많다. 〈먼 나라 이웃 나라〉, 〈미스터 초밥왕〉, 〈조선왕조실록〉, 〈만화 삼국지〉 〈내일은 실험왕〉과 학습 만화 전집 여러 가지를 보면서 학습의 기초를 다졌다.

만화책만 읽어 속상하다 (X)
만화책이라도 읽어 다행이다 (O)

"우리 애는 책은 안 읽고 만화만 보려 해요."라고 속상해하는 부모님들은 만화를 좋아하지 않았던 분들이다. 만화 외에 다른 책을 읽지 않는 것은 글밥에 대한 부담감이 있다는 것이다. 재미있는 책을 만난 경험이 없기 때문일 수도 있다. 책을 안 읽는 것은 능력의 문제가 아니라 책에 대한 심리적인 문제다. 만화를 꾸준히 읽으면 언젠가는 다른 책으로 옮겨 붙을 날이 온다. 만화책을 읽는 아이를 칭찬하자. 만화책만 읽어 속상하다는 생각보다는 만화책이라도 읽어 다행이라고 생각하자.

"우리 애는 책을 영 싫어한다."라는 걱정으로 시작한 아이들이 책벌레로 거듭난 사례가 적지 않다. 독서가 낯선 아이들은 책을 읽을 때 맨 처음 부분에서 어려워하는 경우가 많다. 이 아이들에게 첫 단계에서 주로 픽션 만화를 읽게 했다. 모든 픽션은 첫 장에서 배경을 설명하고, 인물들이 등장한다. 인물들의 관계와 배경에 집중하지 못하면, 그 다음에 펼쳐지는 내용이 무슨 말인지 이해할 수 없다. 하지만 만화는 그림으로 상황을 설명하고 사람 모습이 등장하므로 곧장 이야기의 흐름을 파악할 수 있다. 드라마의 첫 회가 재밌으면 계속 빠져든다. 하지만, 첫 부분을 놓치면 몰입이 잘 되지 않는다. 미리 본 사람이 지난 회차 이야기를 요약해 주면 그제야 상황이 인지되고 흥미가 생긴다. 만화에서 시작된 글을 읽는 재미가 부모님의 칭찬을 통해 다른 책으로 번져나갈 수 있다.

만화책으로 시작해 다독가가 된다

바쁜 요즘 아이들에게 지친 심신을 쉬면서 할 수 있는 독서로 만화는 제격이다. 책을 잘 읽던 아이도 학원 수업이 늘어나면 독서량이 현저히 떨어진다. 재밌던 책도 몸과 마음이 피곤하면 흥미가 떨어지는 건 아이나 어른이나 마찬가지다. 비난하는 대신 아이들이 왜 만화만 좋아하는지, 만화에는 어떤 좋은 점이 있는지를 부모가 직접 체험하면서 아이들과 공감대를 높여보자. 모든 책을 다 싫어하는 아이는 없었다. 지난 15년의 독서 교육을 통해 확신하게 되었다. 그렇다고 만화를 싫어한다는 아이에게 만화를 강요해서도 안 될 것이다.

큰 딸은 학교 시험이 끝나면 친구들과 만화방에 가곤 했다. 만화를 좋아하는 친구도 있고 아닌 친구도 있지만 친구와 노는 것이 좋다보니 가서 각자 취향을 찾아 읽는다. 누구는 공포, 누구는 판타지, 누구는 로맨스 등으로 취향이 나뉜다. 만화라고 해도 모두가 같은 장르를 처음부터 좋아하는 것이 아니다. 기대 없이 읽은 첫 만화에서 시작된 관심이 다른 책으로 이어질 수 있다. 아이는 자신의 취향을 알기 때문이다. 취향에 관심을 두지 않은 것이 책을 읽지 않게 된 이유일 수도 있다. 소소한 만화에서 시작했으나, 어느 날 한 권의 인생 책을 발견할 수도 있고, 다독가가 될 수도 있다.

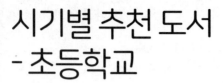

시기별 추천 도서
- 초등학교

　유치원 시기에 부모가 읽어주는 한글 동화를 많이 재밌게 들었던 아이들이 혼자 읽기가 가능해지면 본격적으로 전래동화, 세계명작, 창작 동화의 세계로 빠져든다. 어디서든 쉽게 책을 구할 수가 있어서 특이한 독서 취향이 생기기 전까지 많은 책을 읽힐 수 있다. 동화는 이야기가 독창적이어서 아이들이 잘 빠져들고 상상의 나래를 펴 나갈 수 있다. 골고루 읽는 것을 권유하되, 어떤 취향도 그대로 존중해야 독서를 좋아하게 된다. 여기에 추천한 도서도 마음에 담지는 말자. 단지 수없이 많은 책 중에서 아이가 좋아할 책을 적극적으로 찾아주는 일에 힘써야 한다. 밖에서 야구하는 것이 좋지 독서는 영 별로라는 아이가 1시간 내내 서점에서 찾아낸 책이 만화책이었을 때도 듬뿍 칭찬해 주었다.

국어

시리즈 : <한국 전래동화 시리즈> <창작동화 시리즈> <만화로 보는 그리스 로마 신화> <세계문학 전집> <서울대 선정 인문 고전 만화> <헤르만 헤세 전집>

낱권 : 『마당을 나온 암탉』『자전거 도둑』『꽃들에게 희망을』『가방 들어주는 아이』『어린 왕자』『우리들의 일그러진 영웅』『청소년을 위한 꿈꾸는 다락방』『위저드 베이커리』『악플 전쟁』『눈으로 보는 세계 고전』

영어

시리즈 : <Magic Tree House>, <Franny K. Stein> <The Magic School Bus>
<The Berenstain Bears> <Roald Dahl> <Diary of a Wimpy Kid>
<Password Readers> <A to Z Mysteries> <Rainbow Magic>
<Andrew Clements' School Stories Set>

수학

시리즈 : <코믹 메이플 스토리 : 수학도둑> <과학공화국 수학법정> <수학 동화
시리즈> <NEW 기초잡는 수학 동화 시리즈> <초등저학년 수학 동화
7권> <초등중학년 수학 동화 10권> <초등고학년 수학 동화 5권>

낱권 : 『수학귀신』 『마술 같은 수학』 『수학콘서트』

과탐

시리즈 : <살아남기 시리즈> <내일은 실험왕> <WHY> <어린이 과학동아>
<자연관찰 전집> <흔한 남매 과학 탐험대> <정재승의 인간 탐구 보고
서> <어린이 과학 형사대 CSI> <과학공화국 물리법정> <과학공화국
화학법정> <과학공화국 생물법정> <과학공화국 지구법정>

낱권 : 『과학콘서트』

사탐

시리즈 : <사회교과 연계 전집> <앗 시리즈> <용선생 만화 한국사> <한국사 편
지> <설민석의 한국사 대모험> <설민석의 세계사 대모험> <선생님
도 놀란 사회 뒤집기> <어린이 인문 시리즈> <사회와 친해지는 책>
<너머학교 열린 교실> <교과서 속 100인의 위인들>

기타

<마법천자문>

초등학교 시기 핵심 – 학원이냐 독서냐 결정하라!

독서가 학원을 이기는 10가지 이유	
1	독서는 처음은 미약해보이지만 갈수록 효율성이 커진다
2	독서는 자기 주도 학습이다
3	독서는 마음이 따뜻한 우등생을 만든다
4	독서는 서두르지 않고도 여유 있게 목표를 달성한다
5	독서는 전과목 선행이다
6	독서는 아이의 타고난 성향을 살린다
7	독서는 취미 시간을 남겨준다
8	학원은 힘을 쓰고, 독서는 힘을 준다
9	학원은 입시를 돕지만, 독서는 인생까지 돕는다
10	독서는 시험 점수 외에도 다양한 능력을 키워 준다

제4장

사교육을 이기는 상황별 독서법 5가지

공부를 잘하는 아이들에게는 늘 칭찬과 인정이 보상으로 따른다. 학교에서는 아이들의 학업 능력을 중심으로 칭찬이 주어진다. 학원에 가면학업 능력의 차이만 더 부각된다. 학업 이외의 재능을 가졌거나 학업능력 발전이 늦은 아이들, 공부머리가 약한 아이들을 위한 해결책을찾는 데 인색하다. 내 아이가 그중 어느 그룹에 속하든 독서는 긍정적인 영향을 미칠 것이다. 학교가 독서를 커리큘럼 안에 포함하는 날을간절히 꿈꾼다. 독서는 공부에 재능을 보이지 않는 아이들에게 점수로수치화 되지 않는 다양한 혜택으로 그들의 인생을 바꿔준다.

✦ 공부머리가 없는 아이 ✦
그렇다면 독서가 최고다

공부를 못하지만 매력적인 아이가 있다. 공부는 최상위인데 가까이 가기 꺼려지는 아이도 있다. 우리나라는 유별나게 공부머리가 있거나 공부를 잘하는 아이들에 대해 인정을 크게 해준다. 학교 공부와 대학 입시는 점수로 서열화 하므로 1등이 있으면 당연히 꼴찌도 있다. 1등에게 관심이 집중된다.

공부머리가 없을수록 사교육보다 독서다

대입 수시전형에서 인서울 대학을 지원하려 해도 내신 3등급은 돼야 한다. 그 말은 4등급부터 9등급까지 절반이 넘는 아이들에게는 긍정적인 기회가 없는 것이다. 더 나아가, 예컨대 지능장애를 가지고 태어난 아이는 기회를 가질 자격이 없는 것인가?

아이가 공부에 특출나지 않고 평범해서 고민인가? 나는 학원을 운영하면서 중하위권 아이들을 많이 만났다. 부모도 아이도 노력하지만 성적이 중간을 넘지 못하는 경우가 있다. 만약 우리 아이가 공부머리가 없는 아이였다면 나는 의무사항을 줄이고 마음 편하게 독서로 아이를 키웠을 것이다. 독서는 무리하지 않고 자기 성향과 수준에 딱 맞는 책을 찾아 즐거움을 느끼면서 두뇌를 골고루 발달시킬 수 있는 방법이기 때문이다. 공부의 효율성을 올리는 가장 좋은 전략은 수학 학원 하나만 남기고 과감하게 독서로 전환하는 플랜이다.

객관적으로 내 아이를 판단하고 수학이 필요 없는 대학 입학 방법을 찾는다면 불필요한 엄청난 경쟁에서 아이를 구조해내는 일이 될 것이다. 가지지 못한 것을 채우느라 애쓰는 사이 성적은 오르지 않고 아이 자존감만 깎인다. 과감하게 가지치기를 해서 장점을 키우고 아이가 할 수 있는 일을 북돋워 주는 것이 건강한 부모의 역할일 것이다. 아이가 반짝이는 단 하나의 장점이 보인다면 그 장점을 키워야 한다. 아이에게 학교나 집에서 독서와 취미를 즐기게 하고, 가족끼리 다정한 시간을 보내면 아이는 공부를 억지로 시킨 것보다 훨씬 건강하고 행복한 성인으로 자랄 것이다. 부모만이라도 끝까지 믿어주는 한 아이들은 자존감을 유지할 수 있다.

초등학생이나 중학생인데 아이가 너무나 학원을 싫어하는 상황이라면, 수학이 아닌 다른 한 과목이라도 독서로 방향을 돌려보길 권장한다. 집에서 독서할 환경이 되지 않는다면 국어는 독서 학원에서 영어는 영어 독서 학원에서 각각 주 1~2회씩 읽으면서 방향을 잡아줄 수 있다.

독서를 조금 더 적극적으로 이용할 수도 있다. 교과 연계 독서로 진입해 보는 것이다. 독서의 방향이 잡히지 않을 경우는 늘어난 여가 시간에 독서논술과 같은 사교육의 독서 프로그램을 적극 활용하면 좋다. 국어도 영어도 고등학교에서는 독해력의 영역이 지배적이므로 중학교 때까지는 이런 과감한 결정을 하는 것이 아이의 정신 건강과 공부 모두에 유익하다. 편안하고 화기애애한 가족의 대화 속에서 독서로 사고력과 이해력, 어휘력이 늘면서 공부 머리가 자란다. 그러다가 공부를 제대로 하고 싶은 강한 내적 동기가 생길 수도 있다. 좋은 반전이다.

공부를 넘어 단단한 내면과 인생을 위하여

공부머리가 없는 아이라면 더더욱 다른 아이들, 특히 잘하는 아이들이 몰려 있는 학원에 보내는 것은 위험하다. 다리 근육이 없는 어린아이를 육상 선수들과 같이 뛰게 하면서 이기라고 하는 것만큼 가혹한 일이다. 문해력(독해력)이 아주 낮거나 어휘력과 이해력, 논리력이 종합적으로 부족할 경우라면 더욱 단호하게 독서와 운동만 남기고 사교육을 줄여주는 방법이 좋다. 놀이와 독서를 통해 심리적인 안정을 얻고 부모와의 강한 유대감을 형성한 뒤 아이가 좋아하는 낮은 단계의 책을 꾸준히 읽을 수 있다면 다른 어떤 학원보다 독서가 아이의 공부머리를 성장하게 한다.

공부를 못한다며 겸손하게 아이를 맡겨주신 부모님들이 있다. 그 아이들에게 독서를 꾸준히 시키다 보면 우선 활력을 얻는다. 어느 지점에선가 아이들의 의욕이 솟아오르는 게 보인다. 그리고 독서에서 얻은 많은 지식들로 더 이상 공부머리가 없는 게 아니라는 생각이 드는 지점에 다다른다. 공부머리가 없다기보다는 아직 생성되지 않았다는 생각을 한다. 독서를 이용해 공부머리의 발달 속도를 올리고 수준을 높일 수 있다고 믿는다.

뇌과학이 발달하면서 두뇌의 활동을 사진으로 관찰하는 영상술이 발달했다. 독서를 할 때 두뇌의 여러 부분이 동시에 자극되기 때문에 독서가 뇌 발달에 이롭다는 것은 많이 알려진 사실이다. 따라서 아이가 공부 머리가 없다거나, 뒤처진다고 생각할수록 다른 것들을 일시에 내려놓고 즐겁게 독서만 할 수 있게 분위기를 갖추자. 그리고 가능하면 비교가 되는 잘하는 아이들의 이야기에는 귀를 닫자. 행복은 성적순이 아니라는 것은 잘 알려진 진리 아니던가.

아이도 지쳐가고 성적 상승 가능성도 희망적이지 않다면 큰 변화를 통해 아이가 기운을 차릴 기회를 주길 바란다. 어깨가 축 처진 아이들이 자신을 믿지도 못하고, 부모님의 기대에 부응하지 못해 좌절하는 모습들을 보면서 아이를 믿고 새로운 기회를 줄 수 있으면 얼마나 좋을까 생각한 적이 많다. 부모가 끝까지 믿어주는 아이는 헛되이 살지 않는다. 독서를 지팡이 삼고 부모의 믿음을 먹는 아이는 반드시 사회에서는 학교보다 더 나은 결과를 챙길 것이다.

모든 입시를 다 무시하고 독서에 빠져들어 100권 이상 명저를 읽을 수 있다면 생각하는 일상을 보내면서 반드시 어떻게 살고 싶다는 희망을 갖게 될 것이다. 한글 독서와 영어 독서를 따로 한다면 고등학교에 가서는 국어, 영어와 사탐을 전보다 쉽게 따라갈 수 있을 것이다. 독서가 학원 공부보다 지식 기반을 늘리기에는 좋기 때문이다. 독해력을 올려 놓은 다음 그때 필요한 학원을 선별하여 다니는 것이 훨씬 더 효율적이다.

청소년기의 독서는 공부만이 아니라 인생을 위해서 꼭 필요한 생각거리를 준다. 독서로 생각하는 생활을 하면서 자신의 태어난 재능이나 욕구를 발판으로 하고 싶은 일이 생길 수도 있다. 이렇게 하고 싶은 일을 잘하고 싶어 학원에서 공부하겠다고 할 때, 그때 보내는 학원이 아이에게 살이 되는 공부다. 지금 이대로 부족한 자신을 다른 아이들과 비교하면서 기운 빠지는 삶을 사는 것은 안타까운 일이다. 학교 다닐 때 공부를 잘하지 못했던 아이들이 성인이 되어 더 능력을 발휘할 가능성도 크다는 것을 잊지 말자.

혹시라도 아이가 지능장애를 가졌거나 난독증 같은 어려움을 가진 것은 아닌지도 생각해 보아야 한다. 만일 이런 어려움을 알게 되었다면 모르는 상황보다 훨씬 더 아이를 다그치지 않고 이해해 줄 수 있다.

부모가 다른 아이들과 비교하는 마음을 차단하고, 누구든 행복하게 살 권리가 있다는 마음으로 아이와 함께 욕심 없는 독서를 해보자. 공부를 위한 독서가 아니라 삶을 위한 독서는 부모와 아이가 같은 책을 읽고 즐겁게 이야기 하는 것이다.

학교에서 좋은 성적을 받지 않아도 행복하게 잘 살 수 있다. 반대로 공부를 잘했지만 행복함을 모르고 살 수도 있다. 책을 소리내어 읽을 줄은 알지만, 읽고 나서 무슨 뜻인지 물어보면 대답을 잘 못하는 아이들이 있다. 독해력과 문해력이 낮다. 긍정적인 말로 아이들을 이끌면 아이들은 주눅 들지 않고 차분하고 당찬 삶을 살아간다. 거기에 책을 가까이 하면서 읽는 기회가 더해진다면, 더 좋은 대학을 나온 것보다 더 향기로운 사람이 될 것이다.

2

◆ 학원이 지겨운 아이 ◆
학원보다 독서가 이롭다

학원에서 가장 큰 혜택을 보는 것은 최상위권 아이들이다. 그 이하의 아이들은 열심히 공부한다 한들 점수로 돌아오지 않는다. 자신감이 깎이면서 학원에 가기 싫어진 아이들을 계속 학원에 보내면 더욱 효율이 오르지 않는다. 생각이 획기적으로 변하려면 학원을 잠시라도 떠나 좋은 책을 만나고 여행을 하면서 진지한 생각을 시작해야 한다.

"다시 아이를 키운다면 수학이랑 독서만 챙기고 여행 실컷 할 거 같아요."

어린아이를 둔 부모들이 아직 이해하기 힘든 말일 수 있지만 핵심만 간추려 잘 전한 말이다. 학원을 매일 다니며 바빴던 아이들은 성인이 되어 아쉬움을 갖는다. 공부도 시원치 않고 관계도 잘 풀리지 않는 상황이라면 6개월 학원비를 모아 신나게 해외여행을 떠나보자. 새로운 시선으로 우리 교육과 사회와 가족을 바라보게 될 것이다. 학원을 접고 1년에 한번씩 국내외 여행을 하자고 아이에게 제안해 보자. 새로운 국면이 밝게 열릴 것이다.

학원에 가기 싫다던 내성적인 재연이, 독서를 했더니?

국어 학원에 가고 싶지 않다는 중3 재연이의 사례를 보자. 지극히 내성적인 재연이는 밖으로 나갈 때보다 집에 있을 때 행복한 아이다. 사춘기에 코로나 시국이 되면서 공부의 욕구를 완전히 잃고 우리 학원에 상담을 왔다.

공부하기 싫으면 하지 말고 좋아하는 일을 찾아 취업을 해도 행복한 인생을 살 수 있다며 용기를 주었다. 마음을 연 재연이는 한참을 생각하더니 공부하는 방법을 몰라서 그렇지 공부는 하고 싶다고 말했다.

그러나 재연이는 전 과목 수행평가와 비교과 활동까지 챙기며 고등학교 생활을 하기엔 학습 준비가 미흡했다. 고등학교에는 이미 선행으로 준비된 아이들이 많이 입학하기 때문이다. 재연이는 독서력과 논리력, 수학에 대한 감각이 있으니 정시에 더 큰 비중을 두고 앞으로 3년을 운영한다면 인서울 대학은 갈 수 있다는 판단이 들었다.

국어 과목을 먼저 상의했다. 어려서 독서를 했느냐고 물었더니 초등학교 6학년까지는 독서를 좋아했다고 대답했다. 무슨 책을 읽었느냐고 하니 베르베르의 『개미』를 재밌게 읽었던 기억이 있다고 했다. 베르베르의 『개미』를 다시 읽는 것으로 즐겁게 시작했다. 중3인데도 처음엔 초등 6학년 때의 독해력보다 떨어지는 것 같다고 했다. 3년간 전혀 책을 안 읽었더니 독해력이 퇴보한 것 같다고 말했다. 공대를 가고 싶다는 재연이는 과탐 중에서 물리와 지구과학을 선택하고 싶다고 했다. 지금 하는 이 독서가 과학에 흥미를 올려줄 것이라 이야기해주었다.

재연이는 베르베르의 책을 두 권쯤 읽고 나니 속도가 난다고 했다. 매일 1시간 정도 독서를 하고 있었다. 말수도 없고 의욕을 찾지 못하던 재연이는 독서의 즐거움을 되찾았다. 베르베르의 다른 작품도 모두 구입해서 읽게 했다. 얼마 후 재연이는 아가사 크리스티의 추리소설을 읽기 시작했는데 너무나 재밌다고 했다. 그 무렵 고등학교 1학년 국어 모의고사 문제를 풀어보게 했다. 2등급이 나왔다. 국어는 싫고 과학에 흥미가 있다는 재연이의 경우에도 스트레스 받지 않고 꾸준히 독서만 해도 수능 국어는 1등급도 가능하다. 부족한 문법이나 고전문학은 인터넷 강의를 찾아 요일을 정해서 들어 나가고 있었다.

영어에 대한 두려움은 더 컸다. 영어 독서도 한 적이 없지만 무엇보다 단어 암기를 싫어했다. 문법은 공부하기 싫다고 했다. 독서로 아이들 영어를 지도하는 나는 재연이에게 한글 독서가 잘되면 영어도 재밌는 책을 읽으면서 수능 1등급도 가능하다고 말해 주었다. 영어도 독해력 테스트이기 때문이다. 재연이는 영어 독서를 즐거워 했다. 스토리가 재미있고, 나는 재연이가 원하는 스타일의 책을 추천해 주었기 때문이다.

읽는 책 내용이 좋은지 아이는 말도 많아지고 하고 싶은 것들을 줄줄 이야기 하면서 성격이 점점 더 밝아졌다. 고1 영어 모의고사 테스트를 하니, 국어보다는 성적이 낮았다. 하지만 고3까지 시간이 충분하기에 1등급이 가능하다는 판단이 들었다. 이렇게 영어와 국어만이라도 학원 수업 대신 독서로 돌리면 다른 과목을 학원 수업으로 할 수 있는 용기가 생기기도 한다.

공부보다 마음이 먼저다

우리 교습소는 유명하지 않은 소규모였지만 광고 없이 돌아갔다. 공부를 잘하는 아이들을 위한 곳도, 못하는 아이들만을 위한 곳도 아니었다. 나는 공부와 독서는 즐겁게 할 수 있다는 단순한 가설을 현실에서 매일 실험하고 있었다. 아이마다 스파크가 튀는 지점이 달랐다. 공부를 싫어하는 것은 아직 좋아할 방법을 만나기 전이라 그렇다. 나는 가장 먼저 그 아이의 성향과 취향을 파악하고, 싫어하는 것과 좋아하는 것은 무엇인지 파악한다. 아이를 아주 자세히 관찰해야 한다. 모든 사람은 자신의 마음과 관심사에 관심을 기울여주면 행복해진다.

그런 사이 서로 믿음의 관계(라포)가 생긴다. 그러면 아이들은 나의 추천에 매우 너그러워진다. 부모에게는 늘 공부가 싫고 짜증난다, 독서는 하기 싫다고 했던 아이들이 수업을 마친 후 책을 재밌게 읽었다며 해맑게 웃으면 부모님들이 신기해하셨다. 공부보다 마음이 먼저라고 믿는다. 마음이 행복하지 않고도 공부를 엄청 잘하는 아이들도 많지만, 성인이 된 이후까지 생각하면 어린 시절의 행복은 아무리 강조해도 지나치지 않는다.

"영어가 싫다", "공부가 싫다", "학원가기 싫다"던 아이들은 우리 교습소에 와서 독서에 흥미를 붙이고 마음이 안정된다. 그 과정을 관찰하는 것은 기분 좋은 일이다. 부모님의 조바심을 내려놓게 하기 위해 말한다.

"몇 달간 아무 것도 안해도 실제로는 큰 문제가 되지 않습니다. 오히려 안정을 찾고 더 편안해지면 다시 하고 싶은 마음이 올라올 거예요."

"노는 것처럼 보이지만 숙제 없이 책만 읽는 게 고생하면서 싫은 학원에 다니는 것보다 실력 향상은 빠릅니다."

이것은 사실이다. 단, 학원에서 최상위 실력을 이미 쌓았고 성실하기도 하고 정보도 잘 이용하면서 독서도 하는 아이들과 비교하면서 '독서만 해도 학원보다 낫다'는 주장을 하고자 하는 것이 아니다. 싫어서 하는 어떤 것보다 마음 편하게 하는 독서가 항상 비교 우위에 있다는 것이다. 학원을 쉬면서 집에서 독서를 한다면? 그것이 가장 좋다. 그러나 집에서 독서 환경을 갖춰주기 어렵다거나, 엄마 말에 긍정성을 가지지 못하는 상황이라면 나처럼 독서를 할 수 있게 도와주는 기관을 찾게 되는 것이다.

3

⋆ 사춘기 반항이 심한 아이 ⋆
독서는 마음을 치유한다

내 아이의 '이키가이'를 찾아라

사춘기는 생각(思)이 봄(春)을 맞는 시기다. 화난 아이의 말투나 태도를 꼬투리 잡고 말싸움을 하는 것은 불난 집에 기름을 붓는 격이다. 서로 상처만 주고받는다. 설령 자기 생각이 틀리더라도 자기 생각으로 결정하고 싶다는 선언이다. 이런 신호가 왔을 때 부모는 뒤로 한 발짝 물러나야 한다. 지금까지 설정했던 규칙과 의무를 일단 해제해야 한다. 아이 생각을 먼저 묻고 반영해야 한다. 부모가 띄운 배에서 아이가 내리고자 한다면,

아이의 배를 띄우고 부모는 그 배의 손님이 되자.

사춘기 아이와 갈등상황이 있을 때, 누가 잘했느냐 따지는 것은 소모전이다. 지금까지 부모가 아이를 대했던 방식은 그만두어야 한다는 의미다. 방향을 바꾸려면 일단 멈춰야 한다. 아이가 원하는 방향을 아이에게 물어보자. 엄마 아빠가 어떤 말이나 행동을 할 때 기분이 나쁜지 묻는다. 대신 어떻게 말하고 행동했으면 좋은지 묻자. 부모가 먼저 바뀌는 것이 변화의 방법이다. 자신의 의견이 존중되면 아이는 금세 순한 양이 된다. 마음을 풀면 미안한 마음을 가진다. 사춘기 아이를 혼내고 벌줘서 변화를 이끌어냈다는 이야기를 아직까지 들어본 적이 없다. 상황만 악화될 뿐이다.

아이와 상의해서 당분간 다니던 학원을 쉬게 하면 관계와 태도 개선에 좋다. '공부를 더 해도 시원치 않은데 쉬기까지 해야 한다고?' 이렇게 생각하면 상황은 나빠진다. 몇 달 공부를 손에서 놓아도 큰일나지 않는다. 계속 잔소리를 하는 것이 가장 위험하다.

일본인 뇌과학자 켄 모기의 『이키가이』라는 책에서는 자신이 존재하는 이유이자 인생의 즐거움과 보람을 주는 핵심 영역을 '이키가이'라고 부른다. 이키가이란 내가 좋아하는 일이면서 잘하는 일이고, 세상이 필요로

하는 일이면서 돈이 되는 일을 말한다. 나만의 이키가이를 찾는 것이 좋은 대학을 가는 것만은 아닐 것이다. 우선 아이가 좋아하는 일과, 잘하는 일을 찾는 데부터 시작하는 것은 어떨까?

우선, 성공한 사람들이 쓴 책 100권을 골라 읽기를 제안하는 것은 어떨까? 모든 의무를 내려 놓고, 마음을 쉬면서 생각을 가동시키는 일이다. 10권이 채 되지 않아 아이는 자신의 미래를 자기 식으로 설계하고 있을 것이다. 모든 책에는 실패와 성공담이 가득할 것이고 그중 어떤 사람의 생각에 강하게 공감하며 나도 해보고 싶다는 의지가 생길 것이다. 독서는 마음을 치료하고 꿈을 갖게 한다.

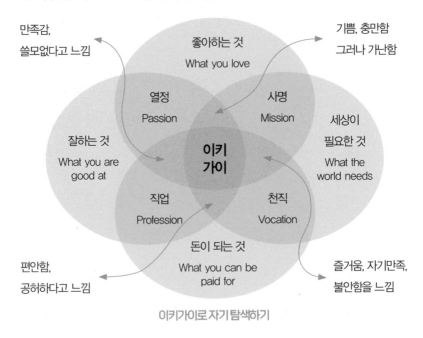

이키가이로 자기 탐색하기

사춘기의 예민한 몸과 마음을 어루만지는 독서의 힘

아이가 말과 행동이 거칠어지고 있는가? 공부를 잘하든 못하든 휴식을 가지며 지금 방식을 멈추는 것이 우선이다. 멈춰야 방향을 전환할 수 있다. 상처 난 가족 관계를 회복할 때 여행만큼 좋은 것이 없다. 여행이 여의치 않으면 아이가 다정한 분위기에서 혼자 충분히 쉴 수 있도록 해주자. 그 아늑함에 감사할 것이다.

혼자서 스트레스를 해소하기에 독서만 한 것이 없다. 추리소설이나 SF에 빠져 현실을 잊고 집중하다 보면 마음이 안정될 것이다. 그 시간에 마음을 울리는 책 단 한 권만 만나도 아이는 새롭게 태어난다. 지금 하던 방식을 정리하며 어떻게 살고 싶은지 생각하게 된다. 자신이 얼마나 앞뒤 안 맞는 말과 행동을 했었는지 뒤돌아보며 새로운 계기를 맞을 것이다. 스스로 고른 책도 좋고, 부모나 선생님의 추천을 받아 읽는 책도 좋다. 좋은 책을 만나면 인생의 방향은 어디로든 좋은 방향으로 흐른다. 책 속에 길이 있다.

사춘기는 신체 성장기와 겹치기 때문에 잠을 충분히 잘 수 있게 해줘도 아이들 심리가 안정된다. 독서는 신체 피로를 풀면서 할 수 있는 공부이기 때문에 사춘기 피로를 풀 수 있는 시간을 준다. 그리고 저자의 지혜를 습득하면서 생각하는 시간을 가지면서 갈등의 상황에 현명하게 대응할 수 있는 여유를 가지게 된다. 책은 세상사 이모저모와 인간관계를 간접적으로 보여주므로 문제 상황에서 문제를 해결하는 지혜도 알려준다. 점수 하나하나를 비교하면서 우열을 가리면 아이는 긴장한다. 그러나 학원을 다니지 않으면서 독서를 하면 삶의 긴장을 낮출 수 있다.

인성을 키우는 면에서 독서는 탁월하다. 저자가 자신의 인생 엑기스를 정리해 둔 것이 책이다. 책을 읽으면서 아이들은 지식뿐 아니라 삶의 지혜를 배운다. 사춘기는 자신의 주관이 강해지는 시기라 좋은 책 한 권을 만나는 것이 인생을 바꾸는 큰 이벤트가 된다.

또한 독서량이 많아질수록 책에서 만나는 많은 사건들을 통해 타인에 대한 이해심을 키울 수 있다. 따라서 마음 여유를 가지고 부모의 의견을 들으려는 성숙한 태도가 길러진다. 독서는 공부하는 환경을 바쁘게 하지는 않기 때문에 사춘기의 예민한 신경을 건들지 않으면서 평안하게 이겨내는 방법이다.

바쁜 고등학생 때에도 꾸준히 독서하는 아이들도 있다. 어려서부터 독서가 취미였던 아이들이다. 공부량이 많은 고등 시절이라 스트레스도 많으니 달콤한 독서 휴식을 갖는다. 아이는 놀았다고 생각하면서 생기를 다시 얻는다. 공부하는 학생에게 독서만큼 혜택이 많은 것도 없다. 어려서부터 독서 취미를 가진 것은 우리나라에서 대학 입시를 준비하면서 스트레스가 가장 적은 집단에 속하는 일이다.

독서를 습관으로 하지 않던 아이가 고등학생이 되더니 갑자기 독서를 많이 한다는 말은 현실에서 찾기 어렵다. 이들에게 대학을 가지 않더라도 잘 살 수 있다고 먼저 힘주어 말한다. 다른 재능을 개발해서 먹고 살면서 행복할 수 있다는 말을 해주면 '공부를 할까 그런 길을 찾을까'를 진지하게 고민하기 시작한다. 학교 성적의 사다리에서 중하위권에 속하는 아이들이다. 공부로 줄세우는 바람에 칭찬 없이 인생 초년을 낭비한 아이들이다. 공부 대신 독서를 시키면, 독서가 공부를 하게 만든다.

청소년기는 자신의 생각이 수용되지 않으면 격하게 반항하는 시기다. 다시 말해서, 자신의 진짜 생각이 또렷해지는 시기이기 때문에 대화를 하기에 좋은 시기이기도 하다. 이럴 때 마음이 통하는 사람으로부터 단한 권의 좋은 책을 권유받아 읽어도 생활과 태도가 획기적으로 변하기도한다. 이럴 때 독서는 지식을 습득하는 도구라기보다는 인생의 터닝포인트 역할을 해준다. 독서를 단순히 가장 좋은 공부법으로만 평가하기는어렵다. 독서는 내가 만난 아이들의 청소년기에 긍정적인 변화를 이끌어낸 주역이다.

사춘기 아이와 의사결정 능력

갈수록 대학 입시제도는 복잡해지고, 아이들은 여유가 없는 어린 시절을 보내고 있다. 부모의 조바심도 점점 커지고 있다. 아이가 충분히 시행착오를 하도록 기회를 주고 싶어도 이미 가열차게 달리는 주변 아이들을 보고 있자면 우리 아이만 뒤늦으면 어쩌나 하는 조바심이 든다. 경쟁으로 하는 공부는 오래가지 못한다. 또 진정한 자신의 모습을 볼 수 없게 다그친다. 자기 의지도 아닌 시키는 공부를 지속하다가 어느 날 왜 사는지 모르겠다며 우울감을 토로하는 아이들을 많이 만났다. 입시가 경쟁을 더할수록 무기력하고 우울한 아이들은 더 늘고 있다.

기운이 빠진 상태로 만난 학생에게 가장 먼저 돕는 일은 부모로부터 의사결정을 독립하는 것이다. 특히 사춘기를 맞은 아이들의 경우, 의사결정을 독립하지 못하면 우울해 한다. 부모의 의견을 참조하되 자신의 마음을 먼저 들여다보고 생각하는 것이다. 어떤 질문을 했을 때, 흔하게 듣는 "엄마한테 물어볼게요."라는 대답 대신 "저는 이거 하고 싶어요!"라는 식으로 바꿔야 한다. 부모가 개입하여 알아서 길을 닦아주다 보면 아이들의 의사결정 능력이 길러지지 않는다.

사춘기가 없는 것을 부러워 할 필요 없다. 사춘기는 몸이 커진 것처럼 생각이 어른이 되는 과정이기 때문에 반드시 거쳐야 한다. 사춘기를 반항기로 생각하는 것은 이 과정에서 주도권을 어른이 쥐고 있으려다가 화가 나기 때문이다. 사춘기란 어른들이 생각을 바꿔야 하는 시기라고 해도 틀린 말이 아니다. 부모가 아이 스스로 결정할 것을 믿어주고 기회를 준다면 이전보다 훨씬 책임감을 가진 모습을 보일 것이다.

4

✦한 종류 책만 고집하는 아이✦
독서 자체를 칭찬하라

한 분야의 책에 꽂히는 아이들이 있다. 부모는 편식을 걱정하듯이 편독을 걱정한다. 하지만 타고난 성향을 자꾸 걱정하거나 지적하면 책에 대한 흥미를 잃고 독서하지 않는 아이가 될 수 있다. 아이가 독서를 좋아하는 아이로 키우려면 타고난 취향을 그대로 인정하자. 일부러 그러는 것이 아니기 때문이다. 정확성을 추구하는 아이라 생각하면 마음이 놓인다. 시험을 앞둔 수험생이 시험 범위를 여러 번 반복해 읽듯이. 아이가 한 가지 분야에 집중할 수 있다는 것은 장점이다.

아이의 독서 취향을 존중하라

"우리 애는 공룡 책만 보고 또 봐요. 지겹지도 않은가 봐요. 다른 애들처럼 여러 장르를 골고루 읽으면 좋을 텐데요…."

머지않아 새로운 관심 영역이 생길 것이다. 같은 책을 보고 또 보는 아이들은 나이에 비해 그 분야에 아는 것이 많다. 이것저것 많이 보는 성향이 아니라 하나를 알더라도 정확하게 알고 싶어한다. 내용을 더 정확히 기억한다. 다양하게 읽으라고 채근할 필요가 없다. 읽을 때마다 새로운 곳을 알게 된다. 전문가 근성이라고 봐도 좋다.

교과 연계 독서가 시험에 유리하다는 점 때문에 골고루 읽어야 한다는 강박감을 가질 수 있다. 그러나 편독은 학교 공부에 불리하지 않다. 한 가지 분야를 반복하면서 정확히 알려 하는 아이는 공부할 때에도 분석력과 사고력이 좋을 것이다. 무언가에 심취한 아이들이 지금 당장엔 다양한 책에 관심을 보이지 않더라도 충분히 한 분야를 안 다음에는 호기심을 따라 다른 영역을 추가하게 되어 있다. 몇 년에 걸쳐 한 분야만 본다는 것은 자신의 전문성을 가질 수 있는 미래형 인재의 성향을 가진 것이다. 편독은 좋고 나쁘고를 따질 수 없는, 그저 아이의 독서 취향이다.

"○○이는 책을 반복해서 읽어, 아니면 매번 다른 책을 읽어?"

"저는 한 번 읽은 책은 재미가 없어요."

학원에서 지도하던 아이들에게 책을 추천할 때는 먼저 이렇게 물어서 독서 취향을 파악한다. 아이 마음에 내장된 성향이기 때문이다. 이런 타고난 특성을 무시하고 부모가 원하는 책과 습관 방향을 두 번, 세 번 권하면 아이는 독서의 세계로 들어가기도 전에 독서는 재미없다는 편견을 갖게 된다. 독서를 싫어할 위험이 커진다.

"책을 읽기 전에 전체 스토리나 결말을 미리 알고 싶어?"

"아뇨. 스토리를 미리 알면 무슨 재미로 읽어요?"

영화나 드라마, 책의 내용을 미리 공개하는 것을 '스포(spoiling)'라 부른다. 스포를 원하는 아이도 있고, 극도로 싫어하는 아이도 있다. 나는 책이나 영화를 볼 때 적당한 스포를 원하는 편이다. 미리 대강의 이야기를 듣고, 볼지 말지를 정한다. 정말 내 취향인지를 알고 싶어서다. 이렇게 타고난 성향을 존중해주자. 재미를 유지할 수 있기 때문이다. 재미가 있어야 독서가 지속되고 취미가 될 수 있으니까. 아이가 이미 여러 번 읽었던 책을 또 읽고 있다면 지난번에 확실하게 알지 못했던 점을 다시 한 번 보면서 알아가고 있는 것이다. 아이가 갖기에는 어려운 능력이다.

같은 책을 반복적으로 읽는다는 것은 몰입을 경험하는 것이다. 재밌지 않다면 어떻게 꾸준히 같은 내용을 볼 수 있을까? 독서를 취미가 되게 하는데 아이만의 좋아하는 영역이 있다는 것은 장점이다. 아이를 다독가가 되게 하려면 책은 재밌다는 인상을 꾸준히 이어가는 것이 중요하다. 아이의 표정과 말과 태도를 관찰하면서 원하지 않는 취향을 권하지 않는 배려가 필요하다.

긍정 심리학자들은 "내 아이가 부족한 영역의 역량을 평균 이상으로 키워 주려 하기보다, 아이가 이미 잘하는 강점을 키워 주는 것이 능력 발휘에 더 유익하다"고 말한다. 내 아이의 약점을 키워주면 모든 영역에서 잘할 것 같지만, 사실 아이는 자신이 못하는 부분에서 열등의식을 가진다. 잘하는 일이 하나라도 있다면, 그 부분을 감사히 여기면서 칭찬해서 더 잘하고 싶은 내적 동기가 생기도록 하는 것이 좋다.

한 분야에 '덕후'인 아이들, 어쩌면 전공이 벌써 정해졌는지도!

한 분야에 덕후인 아이들은 집중력이 좋다. 집중하는 주제는 자동차, 기차, 비행기, 로봇, 야구, 축구, 공룡, 곤충, 수학이나 물리, 판타지, 추리, 한국사, 세계사 등 다양하다. 누가 시켜서가 아니라 저절로 그렇게 빠져든다. 취향은 마음이 하는 일이고, 마음은 저절로 일어나는 것이다.

단점처럼 보이는 그 특성을 장점으로 삼아 키우면서 앞으로 서서히 다른 좋은 면을 채워나간다고 생각하자.

다양한 자동차의 이름을 알거나, 야구 선수 이름을 줄줄 기억하는 일, 공룡의 종류를 열거하는 아이들이 있다. 한쪽에 치우친 것 같은 아이의 특성을 서둘러 고쳐주려고 하면 오히려 부작용이 더 클 수 있다. 아이의 첫 애정 대상을 잘 존중하면서 시간이 흐르게 두면 다른 분야로 서서히 관심을 넓혀갈 것이다. 처음 좋아했던 그 영역이 인생을 자신 있게 사는 마중물의 역할을 할 것이다.

한 곳에 몰두하는 아이가 걱정되는가? 예를 들어 판타지나 추리소설만 읽고 있는가? 누군가는 이런 아이의 독서 기질이 대단해 보이고 부러울 것이다. 책을 잘 읽는 아이의 꾸준함과 집중력과 열정을 칭찬해 주자. 칭찬은 마음을 열리게 한다. 그 열린 마음으로 가끔은 다른 종류의 책도 끼워 넣을 수 있게 애정이 담긴 대화를 해보자. 몰입한 그 영역에 대해 묻고 관심을 가지고 질문하면 우리는 모르는 박식함에 놀라게 된다. 그 놀라운 능력이 다른 어디에 사용되면 좋을지 함께 찾아보자. 이렇게 키워진 집중력과 사고력이 아이가 공부하는 데 큰 도움이 된다. 지나침과 치우침에 대한 차분한 대화는 아이들 스스로 조금씩 변화하려는 마음을 갖게 할 것이다. 아이의 독서 편향은 아이가 타고난 특성이기 때문에 아이의 미래 전공이나 직업과도 연결될 가능성이 크다.

〈성경〉 다음으로 많이 팔렸다는 베스트셀러 〈해리포터〉의 작가 조앤 롤링은 어려서부터 판타지에 빠져 살았다고 한다. 그녀의 부모님은 조앤을 무척 걱정했다고 한다. 그러나 작가의 그런 집요함과 '덕후 기질' 덕분에 전 세계가 열광하는 불후의 판타지 명작을 창작할 수 있었던 것 아닌가. 매니아가 창의성을 발휘할 때 큰 발견이 탄생한다.

아이들은 왜 같은 책을 반복해서 읽을까?

어른들은 책 안에서 한 번에 많은 정보를 스캔한다. 그러나 지식과 경험이 아직 적은 아이의 눈으로 들어오는 정보의 양은 어른보다 적다. 그렇기 때문에 반복해서 봐야 깊이 있게 다각도로 내용을 들여다볼 수 있다.

야구에만 집착하는 아이가 있다고 하자. 야구에 대한 책만 읽어도 충분하다. 가족 모두가 응원하는 팀을 정해서 야구 경기를 찾아 가서 관람한다. 주말에는 아빠와 아이가 야구 연습을 한다. 유명 야구 선수 새미 소사(Sammy Sosa)나 베이브 루스(Babe Ruth)에 대한 영상을 찾아 볼수도 있다. 그러다가 아이 취미를 발전시키는 과정에서 영어로 영상을 자주 접하다 보면 영어 공부를 안 했는데 영어는 꽤 하는 결과를 얻을 수도 있다. 아이와 같은 유니폼을 입고 함께 즐겁게 놀다 보면 가족도 화목해지고 즐거운 추억도 남게 된다. 이렇게 아이가 좋아하는 야구를 활용하여 충분히 집중하면서 즐길 수 있게 환경을 갖춰줄 수 있다. 학교에서 발표가 있을 때, 야구에 대한 주제로 자신의 아는 지식을 뽐낼 수도 있다. 독후감 대회가 있다면 새미 소사 전기문을 읽고 독후감을 쓸 수도 있다. 글쓰기 싫어하던 아이도 자기가 너무나 좋아하는 영역에 대해서는 할 말이 많다. 그것을 옮겨 적으면 멋진 글이 된다. 이렇게 긍정적인 지지가 이어지면 자긍심이 아이를 성장시킨다.

읽고 싶은 책을 마음껏 읽도록 허용하자. 읽을 책을 지정하면 흥미가 떨어진다. "남편이 읽었던 책을 권해 주면 매번 즐겁게 읽으시겠어요?"라고 엄마들에게 질문하면 못하겠다고 답한다. "학원 다 다니면서 정해 준 책을 다 읽으라고 하면 하실 수 있겠어요?"라고 물어도 자신은 할 수 없다고 말한다. 그런데 아이들에게는 그것을 시킨다.

흥미 분야를 넓혀주고 싶다면 아이의 의견을 물어보는 것이 좋다. 아이는 현재 관심사 외에도 다른 관심이 마음 속에 분명히 있다. 감춰진 또 다른 관심사를 자각할 수 있게 다양한 질문을 해 주자. 공부를 잘하려면 분석과 집중력이 좋아야 하는데 이미 아이는 그런 능력을 가졌으니 오히려 기뻐하며 그 성향을 키워 줘야 할 것이다.

아이의 취향과 습관을 그대로 인정하라

"저는 아가사 크리스티의 추리소설은 잘 읽거든요. 그런데 과학 책은 읽으면 졸려요. 과학 책을 좋아한다는 애들이 이해가 안 가요."

소설류를 유독 좋아하는 아이가 과학과 수학 도서는 어려워하기도 한다. 소설을 꾸준히 많이 읽으면 그 안에서 수학과 과학을 간접적으로 배우는 부분도 들어 있다. 양이 질을 높여주는 것이다. 들은 풍월이 모여 상식을 이루면 어려운 주제에 대한 진입장벽을 낮출 수 있다. 소설을 줄이고 수학 과학 도서를 억지로 읽게 하면 소설을 좋아하던 아이는 책을 읽지 않게 된다.

아이마다 읽기를 꺼리는 영역이 있다. 그 분야의 책을 혹시라도 읽도록 돕고 싶다면 수준을 낮춰서 진입하도록 도와주자. 과학을 너무 재미 없다고 생각하는 아이에게 만화책으로 접근하도록 해보는 것이다. 〈WHY〉 만화를 보고 또 본 아이들은 과학에 대해 상식이 많아 교과를 무난하게 따라간다. 문과 성향이 강한 아이라고 해도 과학을 어렵지 않게 생각하는 것은 성적에도 도움이 된다. 또는, 처음에 애니메이션이나 영화로 접근하여 낯선 분야에 흥미를 유도하는 것도 좋다. 첫 문턱만 잘 넘으면 아이는 선입견을 거두고 재미를 느낄 수 있다. "제가 왜 지금까지 이렇게 재밌는 과학을 싫어했을까요?"라는 아이들을 많이 봤다.

아이가 한 분야에 몰두하든 여러 가지 책을 두루두루 읽든 그 상태를 그대로 칭찬하자. 부족한 부분을 섣불리 채우려고 잔소리를 했다가는 소탐대실이 될 수 있다. 빈대 잡으려다 초가삼간 다 태우지 않도록 무엇이든 읽고 있는 그 자체를 충분히 즐길 수 있도록 편안하게 발판을 깔아주자.

5

✦공부하는 방법을 몰랐던 아이✦
독서는 시간을 단축한다

공부 하는 방법을 몰랐던 민아, 1등급 받다!

　인정을 받은 적이 없는 아이는 자신감이 없다. 무엇을 해도 안될 것 같고, 잡념이 많아 집중할 수가 없다. 꾸중을 들으며 주눅 든 민아가 생각난다. 자신감이 없는 말투라 무슨 말인지 이해하기 어려웠지만 추임새를 넣으며 경청했다. 민아가 아끼는 강아지 얘기로 아이스 브레이킹을 하면서 민아의 얘기를 들었다.

몇 차례 수업을 하자 민아의 장점이 보였다. 수업에 지각하는 법이 없었고, 항상 수업 전에 도착해서 기다렸다. 숙제도 빠짐없이 했다. 민아 아빠에게 꾸중을 중단해달라는 부탁을 드렸었다. 꾸중만 듣던 부모에게서 갑작스럽게 칭찬을 들은 민아는 점점 열등감을 벗고 자신감을 입었다. 이처럼 학생들과 만나면 아이들의 장점부터 찾는다. 장점이 없는 사람은 세상에 없으니까. 단점을 없애는 일에 집중하기 보다 장점을 키워야 성장한다. 장점을 부각시켜 마음이 안정되면, 꿈에 대한 대화로 넘어갈 수 있다. 하고 싶은 일, 가고 싶은 대학, 전공하고 싶은 학과를 정해나간다. 시켜서 하던 재미없던 공부가 자신을 위한 도전으로 바뀌는 과정이다.

민아와 학교 시험에 대해 이야기를 했다. 다가오는 고1 2학기 중간고사에 대한 과목별 목표 점수를 같이 잡았다. 중간고사는 범위가 적고 기말고사보다 쉽게 출제되는 경향을 이용하여 높은 목표를 세웠다. 시험까지 남은 시간을 계산했다. 시간을 잘 관리해야 목표를 달성할 수 있다. 과목별 시험범위를 보면서 주 단위, 일 단위, 시간 단위로 계획을 세웠다. 다음 수업까지 민아는 계획에 맞춰 최선을 다할 것이다.

수업을 시작하기 전에 공부 진행 정도를 점검하고 계획을 수정했다. 내적 동기가 충만해진 민아는 보이지 않는 곳에서 더 열심히 노력했다.

마침내 중간 고사에서 수학 한 과목만 3등급, 나머지 모든 과목에서 1등급을 받았다. 쉬는 시간 활용법이나 등하굣길 시간 활용법도 상의했다. 민아는 지금까지 공부하는 방법, 시간관리하는 방법을 몰랐던 것이었다. 시켜서 하는 공부였다면 가혹했겠지만, 자신이 좋아서 하는 활동은 열정으로 보였다. 어떤 상황이든 긍정적인 관점으로 해석할 수 있게 도왔다.

"민아야, 기말고사에선 수학도 1등급 도전해보자!"

민아는 자기는 자타 공인 수학 머리 없는 아이라면서 안된다고 했다. 다시 설득했다. 내신 수학은 범위가 정해져 있으니, 교과서랑 프린트, 시중에 나온 문제집에서 주로 출제된다. 수학이 어렵게 출제되는 학교는 아니었기에 민아의 성실성이라면 출제 가능한 문제를 모조리 풀어보는 전략이 통하겠다 싶었다. 민아는 도전해보겠다고 했다.

기말고사에서 민아는 당당히 수학 1등급을 받았다고 전화에서 울먹였다. 믿을 수 없을 정도로 신기하다고 했다.

자신감과 내적 동기 부여, 효율까지 독서로 해결!

아이들의 성적은 아이큐나 선행으로만 달라지는 것이 아니다. 내적 동기가 강해지면, 어떤 난관도 이겨낼 의지가 생긴다. 따라서 먼저 공부에 지치게 하기 전에 스스로 해보려는 의지를 찾을 수 있도록 계기를 만드는 일이 중요하다.

민아의 성적이 빠르게 상승한 또 하나의 비결은 시간 사용의 효율을 높인 것이었다. 우선 동기부여가 되면 지치지 않고 짬을 내서 하려는 의지가 생기기 때문에 누수 시간을 줄일 수 있다. 수업시간에 원서를 고를 때 소설류보다는 위인전이나 자기계발서 같은 책을 권해서 인생을 바꿔줄 메시지를 만나게 할 수 있다. 숙제로도 원서를 읽게 했다. 영어와 국어는 독서를 하면 공부 효과를 높여주는 것을 활용한다. 즉, 꾸준히 지식도서를 정독하게 하면 영어, 국어가 적은 공부로도 점수가 잘 오른다.

그렇게 절약한 시간을 다른 부족한 과목에 사용하게 촘촘히 계획을 짰기 때문에 극적인 성적 향상이 달성된 것이다. 그렇게 읽은 책을 생활기록부에 기록도 하고, 발표 주제로도 활용하고, 독후감 대회에도 참여하는 등 일석다조 효과를 달성할 수 있는 것이다. 마지막으로 고등학생이 짬내서 하는 독서는 스트레스가 많을 그 기간에 차분하게 마음을 조절할 수 있는 안정제 역할까지 해준다.

민아는 정말 무섭게 공부했다. 시켜서 하는 공부에 비할 수 없는 내면의 힘을 느낄 수 있었다. 2학년이 되자 내신 성적은 최상위에 올랐다. 점점 공부하는 재미를 알게 되었고, 마침내 SKY 인기학과에 합격했다.

이미 여러 차례 말했다시피 우리나라 고등학생이 독서할 시간을 갖기는 어렵다. 과목마다 할 일이 쌓여 있기 때문이다. 독서는 코앞에 닥친 입시를 위한 공부법이 아니다. 수년의 도움닫기 과정을 거쳐야 기하급수적인 공부 효과를 낸다. 그럼에도 수업과 숙제로 꾸준히 원서를 읽었던 것이 민아의 영어 독해력 향상에 큰 효과가 있어서 영어 공부에 드는 시간과 에너지를 줄여주었다. 한시가 급한 시험기간에 영어에서 절약한 시간이 더 긴급한 과목으로 투여된다는 것이 얼마나 큰 도움이 되는지는 목표가 뚜렷한데 시간이 없는 아이들은 안다.

바쁜 고등학생이라면 독서로 시간 효율을 높여라

우리나라 고등학생은 몹시 바쁘다. 고등학교 내신을 준비하느라 바쁜 아이들에게 독서는 그림의 떡이다. 나는 영어 수업에서 매번 30분가량을 영어 소설이나 위인전 등 원서 읽기를 한다. CD로 들으며 눈으로 읽는 독서다. 듣기와 독해를 한꺼번에 키워 준다. 6개월 이상 꾸준히 읽으면 독해력이 부쩍 는다. 독서를 통한 영어 공부는 단어와 문법을 따로 공부하지 않는다.

모의고사 기출문제를 요리조리 문법적으로 분석해서 독해력을 키우는 것은 느림보 공부법이다. 시간이 많이 걸린다. 고등학교 영어에서 짬짬이 의지를 가지고 즐거운 독서를 할 수만 있다면, 영어 실력이 일취월장한다. 우리말로 일일이 번역하지 않고 영어를 영어로 이해하는 능력이 생긴다.

독서는 고급 영어를 키운다. CD에서 나오는 원어민의 음성으로 듣다 보니 듣기 평가는 걱정하지 않아도 틀리지 않는다. 수능 듣기 난이도보다 책 내용이 더 어렵기 때문이다. 원서로 읽으면 단어의 쓰임을 문맥 안에서 찾기 때문에 어휘력이 좋아진다. 원서 읽기에 대한 두려움이 사라진다. 그렇게 1년 이상 좋아하는 장르의 원서 읽기 습관을 들인 아이들은 영어에 흥미와 자신감을 가진다.

국영사과 과목 연계 독서는 모든 과목의 기본기를 획기적으로 올려준다. 길어진 제시문에 대한 집중력, 이해력, 논리력 등이 성장하는 것이 보인다. 이때 신문의 사설이나 전공하고 싶은 분야의 월간지 등을 구독해서 등하굣길이나 여유시간에 읽게 하기도 한다. 어려운 지식도서를 꾸준히 읽으면 논리적인 글에 대한 문해력이 향상된다. 중고등 학생에게도 지식도서나 전공 관련 도서를 집중해서 읽을 수 있는 환경을 만들어 보라. 지식도서를 읽고 있는 아이에게 어떤 느낌이냐고 물어보면, 국어 실력이나 영어 실력이 늘고 있다는 것을 본인 스스로 자각한다. 국어와 영어의 점수가 올라간다는 말이다. 시간이 부족한 고등학교 수험생들에게 시간을 절약해주는 것이야말로 성적을 향상시키는 원동력이다.

아이들이 대학생이 된 엄마들에게 후회되는 것이 뭐냐고 물으면 초등 중등에서 독서를 시키지 않은 것이 거의 1순위다. 독서를 했으면 마음의 여유를 가지고 보다 인간답게 공부도 잘했을 것이라면서. 이럴 줄 알았다면 아이들과 여행이라도 많이 가서 좋은 추억도 쌓고 서로 이해하는 시간을 가졌을 것이라고 한다. 유치원이나 초등, 중등에 독서만 하면서 수학을 공부해도 놓치는 것이 많지는 않다. 독서는 공부 방법 중에서 가장 짧은 시간에 가장 많은 효과를 남겨주는 공부법이다.

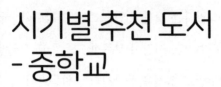

시기별 추천 도서
- 중학교

중학생이 되면 독서 중심으로 공부하는 아이들이 눈에 띄게 줄어든다. '누가 말하지 않아도 다음에 읽고 싶은 책이 있는 아이'라면 간단한 구도로 공부할 수 있다.

공부 = 독서 + 수학

독서를 즐기면서 나머지 많은 시간 동안 수학을 연구하면 된다. 하루 2시간 이상 읽고(2시간을 규칙으로 삼지 않아도 된다), 교과 연계 독서를 지속하면서 수학을 학원이나 과외, 인강, 또는 자습으로 공부한다. 고등학교에서 최상위권 성적을 원한다면 입학할 고등학교를 미리 정하고 내신 시험 스타일을 알아보라. 공부의 방향을 정할 수 있다. 어려운 과목은 부분적으로 특강이나 인강을 이용하면 된다. 유튜브에도 양질의 영상은 끝없이 많다.

국어

시리즈 : <세계 명작 시리즈> <한국 고전 시리즈> <위인전>

낱권 : 『모모』 『멋진 신세계』 『우아한 거짓말』 『시간을 파는 상점』 『체리새우: 비밀글입니다』 『페인트』 『가짜 모범생』

영어

시리즈 : \<Harry Potter> \<Twilight> \<The Chronicles of Narnia> \<The Lord of the Rings> \<A Series of Unfortunate Events> \<The Story of the World> \<Happy Readers> \<High School Musical>

낱권 : 『Charlotte's Web』『The Phantom of the Opera』『Holes』『Hatchet』 『Hoot』

수학

시리즈 : \<수학자가 들려주는 수학 이야기> \<월간 수학동아>

낱권 : 『수학비타민 플러스』『명화 속 신기한 수학 이야기』『이런 수학은 처음이 야』『수학탐정단과 메타버스 실종사건』『나는 수학으로 세상을 읽는다』 『이토록 아름다운 수학이라면』『이상한 수학책』

과탐

시리즈 : \<과학자가 들려주는 과학 이야기> \<월간 과학동아>

낱권 : 『위험한 과학책』『물리학자는 영화에서 과학을 본다』『세상에서 가장 재 미있는 물리학』『세상에서 가장 재미있는 생물학』『과학 샐러드』『물리학 자의 시선』『미스터리 과학 카페』『처음부터 화학이 이렇게 쉬웠다면』

사탐

시리즈 : \<만화로 보는 경제학> \<중학교 사회 교과 연계 권장 도서 세트> \<한우 리 통합사회 뛰어 넘기>

낱권 : 『최강의 실험 경제반 아이들』『사이공 하늘 아래』『교서관 책동무』『너와 나를 지키는 힘 동의』

중학교 시기 핵심 – 독서는 힐링이다

독서가 마음을 치유하는 10가지 이유	
1	독서는 몰입의 즐거움을 주는 취미다
2	독서는 자기 주도적으로 생각하는 힘을 기른다
3	독서는 남과 비교하지 않아 평화롭다
4	독서는 간접 경험으로 공감력을 키운다
5	독서는 사람에 대한 이해력을 높여 갈등을 예방한다
6	독서는 마음을 진정시켜 주고 스트레스를 해소한다
7	독서에서 경험한 다양한 사례를 토대로 문제 해결력을 키운다
8	독서는 지적 호기심을 채워주고 확장시킨다
9	독서는 더 나은 삶으로 인도하는 지혜와 통찰력을 준다
10	독서는 창의력과 상상력을 자극하여 새로운 아이디어를 준다

232 독서가 사교육을 이긴다

제5장

사교육을
이기는
과목별
독서법 5가지

독서습관이 잘 잡힌 아이들은 공부를 별로 하는 것 같지 않은데도 시험 점수가 잘 나온다. 축적된 어휘와 배경지식이 시험 준비에 필요한 시간을 단축시킨다. 지금까지 습득한 지식들이 서로 엮이면서 보다 탄탄하고 체계적인 지식을 이룬다. 복잡하고 어려운 텍스트를 읽고 이해하는 문해력이 좋아진다. 독서의 공부 효과는 처음에는 미약해 보이지만 시간이 흐를수록 상승한다. 글이 어려워도 신속하게 비교, 대조, 분석하는 논리력을 뒷받침한다. 중학교 3학년 때까지 매일 1~2시간씩 꾸준히 독서할 경우, 과목별 시험 점수에 어떤 도움이 되는지 경험을 토대로 소개하려 한다.

•국어•
독서는 국어 점수와 직결된다

　다독하면서 국어가 어렵다고 하는 아이를 본 적이 없다. 독서를 공부와 연결지어 생각할 때 가장 큰 수혜를 입는 과목은 국어다. 영유아기부터 부모와 긍정적인 상호작용을 많이 하고, 그 신뢰감을 바탕으로 단계를 올라가면서 부모가 책을 읽어 주면 독서를 쉽게 좋아할 수 있다. 혼자 읽기를 자발적으로 꾸준히 해나간다면, 초중고 국어 시험에 무척 유리하다. 독서와 내신 국어, 독서와 수능 국어는 강한 양의 상관관계를 갖는다.

독서와 초등 국어
- 만점에 집착하지 말 것! 독서가 먼저다!

처음 우리 아이들에게 독서는 놀이와 같았다. 엄마나 아빠는 아이들의 좋은 놀이 친구였다. 아이들은 누구나 장난 섞인 말투를 좋아한다. 연극을 하듯 책을 읽어 주면 아이들은 별 것 아닌 말이나 행동에도 까르르 웃었다. 엄마가 책을 펼치면 재미있을 거라고 미리부터 믿었다. 엄마 아빠와 같이 있는 시간을 즐거워 했다. 독서의 첫 단추를 잘 끼웠다고 생각했다.

큰아이는 새 학년 교과서를 집으로 가져온 날 교과서를 동화책처럼 읽곤 했다. 교과서를 받은 날 읽어보던 습관은 중학교 때까지 이어졌다. 책에 대한 좋은 기대가 있었고, 교과서도 일종의 책이기에 내용이 궁금했을 것이다. 이처럼 스스로 재밌어서 자발적으로 하는 독서는 힘 안 들이고 오랫동안 유지할 수 있다. 억지로 하는 독서는 오래가지 않으니 독서의 뿌리가 깊어지는 과정에서 격려와 칭찬을 아끼지 말자.

다독한 아이의 어휘력과 이해력은 자기 학년 국어 교과서 수준을 뛰어넘는다. 시험 준비 기간에 국어 공부를 할 때 책을 읽지 않은 아이들보다 준비 시간이 짧다. 모르는 단어가 적고 이해력이 좋다. "저는 국어는 별로 공부 안 해도 점수가 잘 나오는 편이에요."라고 말하는 아이들에게 물어보면 어려서 책을 많이 읽었다는 대답을 많이 한다.

그렇다고 독서량만 많으면 무조건 점수가 좋다는 뜻은 아니다. 시험 성적을 좌우하는 요소가 독서만은 아니기 때문이다. 공부는 타고난 언어 감각, 공부 머리, 집중력, 논리력, 사고력, 내적동기, 승부욕, 독서량, 성실성 등 다양한 요소가 결합되어 잘할 수 있다. 어느 한 요소가 두드러질 수도 있고, 여러 요소가 골고루 결합되어 능력을 발휘할 수도 있다. 때로는 독서량도 적고, 공부도 많이 하지 않는데 점수가 좋은 아이들도 있다. 그러나 이런 소수의 예외적인 사례를 보며 마치 독서가 공부와 상관이 없는 것처럼 일반화해서는 안 된다. 독서와 국어 점수의 관계가 크다는 말은 어떤 아이가 책을 적게 읽었을 때보다 많이 읽었을 때 동일한 국어 시험에서 더 좋은 점수를 받는다는 뜻이다.

국어 학원은 선생님의 설명을 통해 문제를 풀고, 독서는 폭넓은 지식을 기반으로 스스로 생각하는 힘을 쌓는다. 독서냐 학원이냐 아니면 반반이냐는 각자의 선택이다. 꾸준히 국어 학원을 다녀 높은 점수를 받을 수 있지만, 학원을 오가는 시간, 학원 수업 시간, 숙제하는 시간까지 시간이 많이 들어 아이가 쉽게 지칠 수 있다. 국어 말고 다른 과목들도 학원을 다녀야 하기 때문이다. 국어만 어렵다거나 국어 실력을 단숨에 끌어울려야 한다는 목표가 있는 경우라면, 신문 기사나 사설, 이론을 설명하는 지식도서를 분석하며 읽으면 효과적이다.

초등 국어 만점에 집착하지 않길 바란다. 이미 충분히 잘하고 있는데 만점을 맞게 하려는 욕심에 과잉으로 복습시키는 대신 읽고 싶은 책을 읽게 하라. 초등 국어 점수는 만점이어도 좋고 실수를 할 수도 있다는 유연한 태도로, 아이가 독서에 몰입하게 돕는다. 대학 입시는 장기 마라톤이니 초반에 힘을 낭비하는 것은 좋은 전략이 될 수 없다.

독서는 스트레스를 풀어주는 도구다. 독서를 한 아이와 학원에서 공부한 아이의 점수가 비슷하다 하더라도 독서를 한 아이는 공부라기보다는 놀면서 했다고 생각하니 지치지 않는 장점이 있다. 그러니, 독서를 취미처럼 즐기면 정서적으로 안정된 일상을 보낼 수 있다.

독서와 중등 국어
- 독서와 함께라면 최상위 점수 가능!

초등학교 때 교과서 읽기를 어려워 했던 아이들은 중등 교과서에 흥미가 더 떨어진다. 중등 국어는 초등 때보다 교과서에 나오는 단어도 많고 어휘도 어렵다. 글자가 작고 행간이 촘촘하다. 자기 학년 교과서보다 높은 수준의 글을 읽고 있다면 교과서는 혼자 읽어 이해할 수 있다. 중학생이 초등학생 교과서를 보면 쉬워 보인다. 깨알 글씨로 쓰인 두툼한 책을 즐기는 아이들에게 중등 국어 교과서는 부담 없는 동화책과 같다. 큰 딸은 중학생이 되기 전부터 수백 쪽짜리 두툼한 추리소설과 판타지의 깨알 글씨에 익숙해 있었다. 수십, 수백 명의 등장인물의 특징을 기억하면서 읽는 소설책과 중등 국어책 중 어느 쪽이 더 높은 이해력이 필요할까?

지도하던 아이들에게 선행학습도 현행학습도 아닌 후행학습을 권할 때가 있다. 예를 들어, 6학년 교과서가 어렵다고 하는 아이에게 4학년 혹은 5학년 복습을 권하는 것이다. 4학년 때는 어려웠지만 6학년에 다시 보면 쉽게 이해된다. 많은 시간을 들이지 않고도 4~5학년 복습이 가능해, 그 과목에 대한 자신감을 가질 수 있다. 중3 1학기 수학이 어렵다는 아이가 있다면, 중1~2학년 수학을 복습한 뒤에 중3 공부를 하라고 한다. 수학은 특히 누적성이 강한 학문이라 아래 단계에서 놓친 것이 있다면 그 위에 쌓은 것은 모래성과 다름없다.

매일 수학만 공부로 접근하면서 독서를 즐기면 전 과목 최상위 점수가 가능하다. 학교 기출문제 유형을 분석하고 미리 평가를 하면서 시험 전부터 자신의 점수를 예상할 수 있게 된다. 아이마다 다른 생각과 태도, 공부 정도를 관찰하고 각 아이에 맞는 계획을 세우는 것이 시간과 감정

낭비를 막아준다. 개별 아이에게 딱 맞는 방법을 아이와 함께 찾아내면 공부에 더 적극성을 띤다. 후행 학습을 시도했더니 어렵다고 생각했던 과목이 좋아졌다고 얘기한다. 여럿이 함께 배우는 학원에서 실행하기 어려운 방법이다. 아이들은 점수가 나오지 않는 과목을 싫어하고, 점수가 잘 나오면 금세 그 과목을 좋아한다. 공부도 자신감 게임이라 두려움을 없애고 할 수 있다고 생각해야 잡념 없이 해낸다.

독서 덕분에 문법이 쉬워졌어요!

독서를 꾸준히 했다면, 우리말 사용 사례에 익숙해진 상태다. 중등 국어 교과서 문법을 긴 설명 없이 사례만으로 이해할 수 있다. 교과서보다 높은 수준의 책을 많이 읽고 있는 아이들은 문법을 배우기 위해 따로 학원을 다니지 않아도 잘한다. 특별히 어려운 영역만 무료 인강을 찾아 복습해도 충분하다.

예를 들어 '태영이는'과 '태영이은' 중에서 어느 쪽이 맞는지 물으면 문법을 몰라도 '태영이는'이 맞다 답한다. '은, 는'이라는 조사 앞에 종성이 없는 글자면 '는'을 쓰고, 종성이 있는 글자면 '은'을 쓴다며 길고 어렵게 설명할 필요가 없다. 익숙한 우리말들을 종합적으로 이해하는 수준이 되었기에, 문법 공부가 간단하다.

큰 딸은 행동이 느긋하고 한 곳에 빠지면 다른 것에 신경을 잘 못썼다. 여기에 학원까지 다니면 학원 숙제로 독서를 할 수 없었다. 시간과 돈을 들이고 노력을 하는데 성적은 좋지 않을 것 같았다. 학원을 다니면 분명 얻는 것이 있지만, 독서를 하지 못해서 잃는 것이 훨씬 더 크다. 다독한 아이들은 쌓인 지식이 바탕이 되어, 시험기간이면 자습서와 평가 문제집으로 자기학습을 여유 있게 한다는 것을 많은 아이들을 관찰하며 확신하게 되었다.

아이의 단점에는 눈을 감고 장점을 살려야 한다. 자신감을 주어야 효율이 오르기 때문이다. 큰아이는 다행히 하지 않은 것을 했다며 건너뛰는 기질은 아니었다. 무척 느리지만 할 때는 꼼꼼했다. 모르는 것을 그냥 넘어가지는 못하는 성격이었다. 행동이 느린 아이에게 학원까지 다니게 해서 학원 오가는 시간, 학원 수업시간, 학원 숙제하는 시간까지 필요했다면, 큰아이의 독서는 초등에서 중단되었을 것이다.

집에서 혼자 독서로 공부하면 친구들과 실력을 비교할 수 없기 때문에 결과를 미리 예측할 수 없다. 다행히, 요즘 온라인에는 교과서 종류별로 단원별 기출문제와 예상문제, 학교별 기출문제, 예상문제를 무료나 유료로 제공한다. 이런 자료를 구해 시험 날이 되기 전에 평가를 몇 차례 해보고 시험 전에 이미 자신의 점수를 예측할 수 있었다. 중고등학교 홈페이지에도 지난 수년간의 기출 문제가 올라와 있다.

독서와 고등 국어
- 메타인지를 기초로 자기주도 학습을!

국어 문법은 고등학교에서 한층 어려워진다. 일반고를 진학한 큰아이는 중학교 3학년 여름 방학에 학교에서 개설한 '중등문법 총정리' 방과후 수업을 들었다. 겨울 방학에도 고등 문법을 미리 정리한다는 생각으로 '강남인강'에서 고등 국어 문법 강의를 들었다. 이렇게 두 번 이상 국어 문법을 공부했고, 고등학교 수업 시간에 또 배울 테니 허둥거리지는 않을 것 같았다.

고등 문법은 범위가 고전문학까지 확장되기 때문에 더 어렵다. 기본 원칙을 알고 예외 사항도 많아 암기할 부분이 늘어난다. 큰아이에게 국어의 어느 부분이 가장 어려운지를 물어보고 그 대답에 따라 개인적인 강의 수강 플랜을 잡을 수 있다. 강의마다 처음부터 순서대로 듣는다고 생각할 필요는 없다. 시간이 없을 때는 지금 가장 필요한 강의를 먼저 들었다. 자기주도로 공부한 습관이 오래 되어 아이는 어느 부분을 먼저 듣는 게 좋은지 스스로 판단했다. 시간이 부족한 시기일수록 선별해서 듣고, 시간 여유가 많으면 순서대로 들었다. 공부를 잘하기 위해서는 자신이 무엇을 알고 무엇을 모르는지를 아는 메타인지가 중요하다고 하는데, 독서는 자신의 생각을 또렷하게 사고력을 높여주기 때문에 메타인지가 성장한다. 부모가 가끔씩 '어느 부분이 어려워?'라는 질문을 해주면 메타인지를 더 높일 수 있다.

인강의 장점은 무료로(유료도 있지만 무료 중에 선택할 강의도 많다) 집안에서 편안하게 앉아서 배속을 높이거나 낮추어 들을 수 있다는 점이다. 쉬고 싶을 때 쉬었다 다시 시작하고, 반복해서 들을 수도 있어서 인터넷 강의는 편리했다. 작은아이는 영재고로 진학했기 때문에 수능을 보지 않았다. 중학교 1~2학년 중에 영재고 입시 준비를 도와주는 수학, 과학 학원을 다녔다. 내신 기간에는 자습서를 혼자서 보며 필요한 내용만 인강과 유튜브 강의를 찾아 들었다.

'강남인강'은 연 3만 원(몇 년 후 5만 원으로 인상)의 저렴한 이용료로 수준 높은 강의를 다양하게 올려줘서 교육비 감소에 큰 역할을 했다. 같은 과목도 여러 강사가 있어 미리듣기로 선호하는 강사의 강의를 골라 듣는 장점도 있었다. 일타 강사를 공교육 온라인 강사로 스카웃 하거나, 학교 안에서 일타 선생님을 키우는 일은 연간 26조 원(2022년)의 사교육비를 획기적으로 줄이는 애국행위일 것이다. 두 아이가 '강남인강', EBS 강의, 유튜브 영상으로 고등학교까지 이용한 수업을 사교육비로 환산하면 수 천만 원이 될 것이라고 계산해 본 적이 있다. 유료 강의가 수준이 더 높다는 의견은 각자의 판단에 맡긴다.

같은 시간을 어떻게 운용하느냐는 개인의 선택이자 자유다. 어려서 독서를 많이 했지만 국어가 비중이 높아져서 국어 학원을 꾸준히 이용하는 분위기가 생겼다. 언어 능력과 논리력이 좋은 아이는 독서를 많이 하지 않고도 국어 학원을 필요에 따라 잠깐씩 활용하면서 국어 최상위 점수가 나오기도 한다. 수능 국어는 비문학(독서) 과목에서 논리력과 분석력이 상당히 중요하다. 우리집 딸들은 독서를 충분히 빠져 즐긴 덕분에 국어가 발목을 잡지는 않았다. 학년이 올라갈수록 학원을 다니지 않는 시간만큼 친구들보다 상대적으로 여유시간이 많아진다. 인터넷 강의는 숙제가 없고, 학원을 오가는 시간이 소요되지 않기에 중학교 때까지 읽고 싶은 책을 읽을 수 있는 특권을 주었다.

독서와 내신 국어
- 공부 효율성이 높아져 유리하다

내신 국어는 수능 국어보다는 독서의 영향력이 덜하다. 내신 국어는 중등 때처럼 수업 시간에 배운 작품의 내용을 상세히 분석하고 암기해야 하는 성실성 과목이다. 그래도 여전히 다독이 된 아이는 내신 국어 시험 준비에서도 걸리는 시간이 적다. 다른 부족한 과목에 시간을 더 투자할 수 있어서 전체적인 공부 효율성을 높일 수 있다. 독서력이 낮은 아이가 다독한 아이보다 점수가 항상 낮다는 공식은 없다. 다만 일반적으로 다독한 아이와 그렇지 않은 아이가 열심히 공부할 경우 다독한 아이가 더 유리한 것은 사실이다.

학교 국어 내신 시험은 자습서와 수업 프린트를 시험 범위로 삼아 꼼꼼하게 읽어야 한다. 인터넷 강의로 전체 내용을 복습하여 이해를 해두는 것은 장기적으로 수능 국어 시험까지 도움이 되는 깊이를 가진 공부다. 문법, 고전문학, 현대 문학을 인터넷 강의로 틈틈이 들어두면 수능까지 든든하다. 큰아이는 국어 인터넷 강의를 꾸준하게 들었기 때문에 내신 국어에 불안함을 가지지는 않았다. 교과서 이외에서 제시문이 나올 때가 있다. 출제 범위가 확장될수록 다독한 아이에게 유리한 측면이 있다. 어딘가에서 봤던 지식이 정확한 문제 풀이를 할 수 있는 근거가 되기 때문이다.

다독을 안 해도 국어 점수가 잘나오는 다른 부류의 아이들도 있다. 목표 의식이 강하거나, 승부욕이 강하거나, 다른 과목보다 국어에 엄청난 노력을 기울여서 좋은 국어 점수를 얻을 수 있다. 그렇다고 이런 사례를 일반화시켜서, 독서를 안 해도 국어 점수 잘 나온다며 독서를 폄하하는 것은 교육적이지 않다. 많이 아는 것과 시험을 잘 보는 것은 다르다. 공부를 잘하는 다양한 요소를 생각하면 독서량이 많은 아이가 국어 점수 낮을 때가 있다. 예외적인 사례를 일반화하여 독서의 효용성에 눈감을 필요는 없다.

수능 국어 = 독해력 평가

고등 내신 성적은 대학교 수시 지원의 가장 중요한 근거 자료다. 고등학교 입학과 동시에 대학 입시를 위한 수시전형은 시작되는 것이다. 입시는 기본이 상대평가이므로, 고등학교 진학에 앞서 공부를 깊이 해놓은 아이에게 경쟁은 유리하다. 물론, 선행을 하지 않고도 아이의 의지와 능력과 집중력을 발휘하여 좋은 점수를 받은 사례는 있다. 그것은 예외적이기 때문에 어느 과목이든 예습은 여유를 준다. 고등학교는 배우는 과목이 많고 활동도 많아 여유시간이 줄어든다. 수시전형은 교과 성적 외에도 활동이 생활기록부에 기록되기 때문에 분주한 하루하루를 보낸다.

속독과 어휘력이 뒷받침되면 수학만큼 어려운 수능국어도 수월하게 준비할 수 있다. 제한 시간에 문제를 빨리 풀어야 하는 우리나라 시험의 특성상 속독이 도움이 된다. 두 딸은 소설책을 읽으면서 집중력과 분석력, 논리력을 키웠다. 모두 시험에 도움이 되는 특성이다. 지도했던 아이들도 독서를 많이 할수록 읽는 속도가 빨라졌다. 큰아이에게 고등학교 입학 전에 수능 국어 문제를 풀어보게 했다. 한두 문제 틀리는 수준임을 확인했다. 수능 국어는 독해력 테스트였다. 처음 보는 긴 제시문을 신속하게 읽고 이해하고 비교, 분석하는 능력이 요구된다. 그러나 독서의 힘만 너무 믿고, 더 급한 다른 과목을 신경을 쓰느라 국어 시험 준비를 제대로 하지 않으면 점수가 꼭 좋게 나오지는 않으니 기출문제를 풀어보면서 점수를 최상위로 높이려는 노력을 기울여야 한다.

해마다 오답이 가장 많이 나오는 국어 영역이 비문학이다. 논리력과 속독 능력을 가진 수험생이라면 비문학 영역에서 좋은 점수를 받는다. 비문학 영역에는 철학, 경제, 경영, 논리학, 심리학, 인류학, 고고학, 물리, 천체, 화학, 지구과학, 생명, 유전, IT, 정보 등 거의 모든 영역이 주제로 등장한다. 논리력과 분석력이 탁월한 아이들은 독서량이 적어도 국어 시험을 잘 본다. 비문학 영역을 어렵지 않게 접근할 수 있는 힘이 있기 때문이다. 국어 학원에서 문제 풀이 스킬과 대비법 특강을 듣기도 한다. 소설류에만 집착하지 않고, 논픽션과 딱딱한 지식도서, 학술잡지, 혹은 신문 사설 등을 많이 읽으면 비문학에서 변별력을 낼 수 있다.

어려운 비문학 지문이 이미 아는 내용이라면 편안한 마음으로 읽을 수 있다는 장점이 있다. 우리말로 쓰여진 글인데도 비문학 제시문은 술술 읽어내기 어렵다. 예를 들어, 2019학년도 수능 국어 31번 문제는 물리 영역을 다루었는데, 이과 물리2 과목에서 출제된 문제보다도 더 어려웠다는 평을 받았다. 물리를 배우지 않은 문과생에게 매우 불리한 제시문이었다. 수능 당일의 유불리함은 운이니 어쩔 수 없지만, 준비하는 과정에서는 영역별로 지식도서를 섭렵해두면 국어 비문학(독서)에서 점수 차이를 내어 대학 수준을 좌우할 수 있다. 요즘 수능의 변별력은 수학과 국어 비문학으로 조절된다는 이야기를 많이 듣고 있다. EBS 교재인 〈수능특강〉이나 〈수능완성〉에서 수능 문제를 연계 출제하고 있다. 이 책으로 준비할 때 어려운 개념이 나오면 따로 연계 독서를 하거나 인터넷으로 자료를 찾아 제대로 소화하는 노력이 효과적이다.

다독이 없었다면 고등 입학 전에 수능 문제를 풀어보기 어려웠을 것이다. 고3 수험생들도 어려워하는 영역이기 때문이다. 국어는 문해력이 뒷받침되는 한, 고등 진도를 꼭 다 마쳐야 수능 기출문제를 풀어볼 수 있는 과목이 아니다. 다독으로 쌓인 어휘력과 이해력을 믿고 어느 정도 수준인지를 언제든 미리 스스로 평가할 수 있다. 여기에 더해 시험기간마다 열심히 준비한다면 고등 국어의 모든 영역에서 좋은 결과가 나올 것이라 미리 예측해도 무리가 없다.

2

◆영어◆
원서로 다독하면 모든 시험이 정복된다

'아이가 영어를 잘했으면 좋겠다'고 소망하는 부모가 많다. 오래 영어 공부를 했지만 말문이 막혀서 답답했던 우리 시대 영어를 반복시키고 싶지 않은 것이다. 영어 실력을 빠르고 고급지게 키우는 데도 독서가 중요하다. 나는 이것을 개인적인 경험을 통해 확신하고 있다. 영어 지도를 하던 학생들에게 독서를 접목했을 때 성적은 빨리 향상됐다. 대학 입시 외에도 입사 시험, 승진 시험 등으로 영어는 인생의 중요 기회마다 능력을 평가하는 기준으로 사용될 것이다. 내 아이가 영어를 즐겁게 잘하길 바란다면 독서의 길로 인도하시라.

왜 10년을 배워도 영어 한마디 못할까?

나는 대학을 졸업한 뒤 호주 시드니대학에서 영어교육학(TESOL) 석사 과정을 마쳤다. 학비를 벌면서 공부하느라 무지하게 바쁘게 보냈지만 독서로 시간을 절약하면서 효율성을 높여 일하느라 잃었던 시간을 보상받을 수 있었다. 호주인들의 국어가 영어다. 우리말을 독서로 실력을 잘 키울 수 있다면 영어도 똑같다. 독서의 중요성을 경험으로 체득한 기회였다.

TESOL 과정은 영어를 제2 외국어로 가르치고 싶은 세계 각지의 학생들이 수료하는 과정이었다. 동기들 중에서 유럽 친구들은 거의 네이티브처럼 영어가 유창했다. 그에 비해 한국, 중국 일본 학생들은 말을 더듬거렸다. 어느 날 교수님의 질문에 매번 자신 있게 자신의 의견을 잘 내는 이탈리아 친구에게 다가가서 물었다.

"너 영어 참 잘한다. 얼마나 배웠어?"
"여기 오기 전에 한 3개월 정도. 너는?"
"나? 엄~청 오래 배웠어. 묻지 마. 부끄러우니까. 하하."

나는 중학교 입학을 앞두고 알파벳 26자를 암기했다. 그것을 시작으로 대학 영문학 전공까지 10년 넘게 영어를 공부했다. 아주 열심히. 왜 우리 나라 사람들은 오래 배우고도 말을 못 할까? 현실에서 사용하는 일상 대화를 익힐 기회가 교육에 없기 때문이다.

한국에서 영문학을 전공하고 학교 영어교사를 하다가 영어 실력을 쌓고 싶어서 가족과 호주에 왔던 옥선생님은 이런 말을 했다.

"우리 꼬맹이들도 호주에 데려 왔어. 여기 애들하고 매일 막 섞여서 노니까 한 3개월 정도 지나니 지들끼리 의사소통이 되더라고. 우리도 애들처럼 배워야 되는데 말야."

어휘력이 풍부한 문학 교수도 하루 사용하는 어휘 종류는 1천 개 이하라고 한다. 영어도 우리말도 일상의 대화란 쉬운 단어를 편하게 사용하는 경우가 대부분이기 때문이다. 학창 시절 문맥도 없이 주구장창 암기했던 많은 단어는 일상의 회화에 사용하기엔 어울리지 않는다.

또한 우리나라 영어 수업에서 법전처럼 중시되었던 영문법은 유창성을 상당히 방해했다. 말 한 마디를 할 때 문법에 맞는지 점검하느라 말이 나오지 않는다. 배운 시간에 비해 버벅거리는 대화 실력이 속상해 이탈리아 친구와 대화하고 온 날 내 책상 앞에 "문법을 잊자!"라는 포스트잇을 붙여두었다. 우리말로 아무리 고차원으로 생각하고 말하는 능력이 있어도, 영어 환경에서 영어로 생각을 표현하지 못하면 가진 능력은 대폭 평가절하된다.

영어 책 읽기로 내신과 수능, 일상 영어까지!

그때 알고 지내던 한국인 2세 친구가 한국에서 결혼했다. 서울에서 영어를 가르쳤는데, 아이들이 무작정 단어를 암기하는 게 안타깝다고 했다. 암기한 단어 하나로 아무 문장이나 만들어 보라고 하면 아이들은 놀라며 부끄러워 한다는 거였다.

"수업시간에 애들이랑 같이 책을 읽거든. 재밌는 영상도 같이 보고. 숙제로는 각자 수준에 맞고 좋아하는 영어책을 읽어오게 해. 주인공들이 나눈 대화가 일상 대화잖아. 애들은 금방 네이티브처럼 말해."

우리나라 영어 교육이 30년도 더 지난 지금까지도 단어 테스트와 문법 중심의 철옹성을 포기하지 못하는 이유는 무엇일까?

직장 생활을 할 때도 영어로 된 책, 신문, 잡지를 읽어 최신 정보를 빨리 얻을 수 있었다. 회의 때에 어딘가에서 이미 읽은 내용을 아이디어로 제안하면 반응이 좋았다. 영어로 최신 트렌드를 일찍 본 것이 우리나라에 자리를 잡을 때까지 시간이 걸리므로 영어로 직접 정보를 찾아 이해하는 일은 선행 학습과 비슷한 효과를 줬다.

영어도 누군가의 국어다. 큰아이는 판타지 소설을 좋아했다. 한글로도 영어로도 마찬가지였다. 아이의 수준을 점검하고 싶어, 초등학교 6학년 때 수능 영어를 시험 삼아 풀어보게 했다. 안전한 1등급 수준이었다. 그날로 수능 영어에 대한 막연한 두려움을 내려놓을 수 있었다. 불안이란 미래를 알 수 없을 때 생기는 감정이다. 단어를 암기하고 문법을 분석하는 지겹고 힘든 긴 노동 대신 독서로 즐기며 빨리 달성하니 축복이었다.

"이 집 딸들은 학원도 안 다니고 노는 것 같은데 어떻게 공부를 잘해요?"

이 질문에 대한 대답은 항상 독서였다. 지난 15년간 교습소에서 아이들의 영어를 독서로 이끌면서 힘들었던 점은 독서로 이끄는 동안 문법 위주의 학교 영어를 무시할 수는 없다는 것이었다. 초등학교 때 원서를 많이 읽은 아이들은 중등 영문법 교재를 구입해서 혼자 조금씩 풀면서 기출문제로 실력을 미리 체크하면 충분하다. 하지만 영어 공부가 거의 되지 않은 예비 중학생이나 중학교 영어를 어렵다고 말하는 아이들이 문제

였다. 아이들과 상의해서 독해 중심인 고등학교를 먼저 대비하자는 제안
한다. 독서를 시작하는 것이다. 중등 영어 점수를 희생하자고 말한다. 독
서가 늦어진 상황에서 둘 다 잡겠다는 것은 둘 다 놓치는 길이기 때문이
다. 중등에 원서 읽기를 시작해서 중학교 내내 읽으면 고등 내신과 수능,
대학 이후 영어 공부에 유리했다.

초등학교 영어 교육
- 실제 의사소통에 중심을 두면 달라진다!

공교육 영어는 초등학교 3학년에 시작된다. 우리가 중학교에서 영어
교육을 시작하던 것보다 훨씬 일찍 학교에서 영어를 공부한다. 그렇지만
공교육 영어 목표를 아직 '영어로 자유롭게 의사소통하는 것'에 두지는
않은 듯하다. 듣고 말하기 위주로 수업이 구성되지 않았다는 뜻이다.

사교육은 원어민이 수업에 투입되면서 실용성을 추구한다. 유아기부
터 외국인과 소통할 수 있게 하지만 비싸고 따로 시간을 많이 들여야 하
는 단점이 있다. 초등 3학년부터 시작하는 공교육 영어는 30~40년 전
방식과 기본적인 평가 방식이 비슷하다. 초등학교부터 영어를 배우지만
자연스럽게 자신의 생각을 표현하는 것과 매우 거리가 멀다. 부모는 공
교육 영어와 사교육 영어를 동시에 준비하는 안타까운 상황이 벌어진다.

마치 영어가 시험 영어와 실용 영어 두 과목인 것 같다.

　우리나라 초등학교 영어 수업은 아이들의 실제 의사소통에 중심을 두지 않는다. 선생님이 가르치기 편하고 평가하기 쉬운 방향으로 맞춰져 있다. 교육학의 중심 패러다임은 선생님이 아는 지식을 아이들에게 가르치는 쪽에 맞춰져 있다. 초등 영어 교과서의 표현은 현실에서 사용하면 썰렁한 대화다. 그마저도 암기해서 말하는 평가를 한다. 아이들이 자유롭게 말하도록 교사가 도우미 역할을 하는 학생 중심 교육으로 탈바꿈이 필요하다. 아이들에게 외국어를 들려주고 보여주는 것이므로 아이가 선생님의 수준을 뛰어 넘는 길을 열어주는 것이다. 질문을 막고, 선생님들이 교육받은 문법 교육을 벗어나지 않게 커리큘럼을 짜는 권위의식을 획기적으로 탈피해야 한다.

　우리말을 배우는 과정을 생각해 보자. 처음 단계는 태어나면서부터 일상 대화를 수없이 듣고 따라 말하기가 전부다. 영어를 우리말 배우듯 하면서 넘쳐나는 어린이용 시청각 영상을 학교 수업시간에 본다면 아이들의 영어 실력은 지금보다 훨씬 더 유창할 것이다. 지루하지도 않을 것이다. 학교 선생님이 영어를 어려운 용어를 설명하면서 가르칠 필요가 없다. 공교육이 실용성을 높이면 영어 학원에 돈과 시간을 낭비하지 않으니 가정마다 엄청난 혜택이다.

가장 저렴하게 고급 영어 익히기

- 동요, 책, 영상으로 끌어올려라!

영화 〈기생충〉이 오스카상을 받을 때, 봉준호 감독의 통역을 맡았던 샤론 최의 영어 구사력에 감탄한 적이 있다. 전 세계 언론이 그녀를 특별 인터뷰까지 하면서 고급스런 영어 말솜씨에 매료되었다. 통역을 들으면서 샤론 최가 영어로 책을 엄청나게 많이 읽었을 것이라는 직감이 들었다. 독서를 많이 한 독서가답게 영어가 모국어인 사람들의 말솜씨를 훌쩍 뛰어넘었다.

모국어든 외국어든 고급스런 표현을 익히는 가장 저렴하고 효율성이 높은 방법이 독서다. 스웨덴처럼 효율적으로 영어 교육을 하는 나라들이 채택하는 방식이다. 우리나라도 학교에서 기초적인 의사소통 중심으로 수업하고, 각자 독서로 수준을 높일 수 있도록 이끌기를 바란다.

딸들이 어릴 적에 영어 동요를 함께 들었다. 동요만으로도 영유아용 어휘를 많이 익힐 수 있다. 발랄하고 유쾌한 내용으로 구성된 유아용 영어 비디오(지금은 DVD)나 애니메이션을 TV 모니터를 통해 보여주면 아이들은 신났다. 시력이 나빠지지 않도록 하루에 영상 하나씩 보여주었다. 매일 듣고 보면 발음과 단어에 자연스럽게 익숙해지면서 귀와 입이

트인다. 자연스럽고 유쾌하게 노출하면 동시에 두 가지 이상의 언어를 혼돈 없이 습득할 수 있다. 요즘은 외국어를 습득할 수 있는 다양한 채널이 있다.

영어는 국어실력 위에 쌓을 수 있다. 우리말이 영어보다는 앞서도록 독서 수준을 맞췄다. 한글로 생각하는 틀을 잡고 영어로 덮어쓰기 한다는 마음으로. 예를 들어, 우리말 독서가 초등학교 1학년 수준이라면 영어는 유치원 수준 정도로 따라가는 식이다. 우리말 책 혼자 읽기를 시작할 즈음에 영어 노래와 비디오, DVD, 애니메이션을 보여주기 시작했다. 우리말로 동화책을 읽을 무렵 영어는 그림책을 읽어주었다. 우리말보다 영어를 더 강조하며 공부시키다 보면 우리말이 밀리는 부작용이 생긴다. 우리나라에서 대학을 가려고 하면 우리말이 생각을 이끌어야 한다.

영어책을 읽으면 초3부터 시작되는 영어 공교육에 대해 걱정을 내려놓아도 된다. 독서 내용이 금세 중학교 영어 교과서 수준을 넘어서기 때문이다. 학교나 학원에서 최고로 영어를 잘하는 아이로 만들기 위한 경쟁에 발을 들일 필요가 없다. 사교육에서는 영어 경쟁을 부추긴다. 레벨을 나누어 최상위반이 빛나게 하는 것이다. 레벨 경쟁으로 영어 사교육을 서너 가지 동시에 활용하기도 한다. 아이들은 영어로 우월감을 갖거나 열등감을 갖는다. 아이들은 경쟁하느라 눈치를 보며 못하면 어떡하나

하는 긴장을 가진다.

우리나라 초등 영어 교육에서 익히는 목표 단어는 800개에 불과하다. 동화책 몇 권만 반복해서 읽으면 그 정도 단어 수준을 넘길 수 있다. 초등 저학년부터 영상을 보면서 자연스런 실용 영어를 익히고 독서를 겸비하면 수준이 높아져서 중고등 영어 시험에서 헤매지 않는다. 영문법을 배우는 학원으로 영어 공부를 시작한 아이들은 엄청난 스트레스에 시달린다, 영어 공부 없는 곳에서 살고 싶다고 말하기도 한다. 부모가 영어를 잘하지 못해도 아이는 영어를 잘할 수 있다. 부모가 영어에 자신감이 없다면 아이가 원하는 영상을 규칙적으로 시청하게 환경을 설정해 주자.

독서와 중등 영어
- 교과서 수준은 생각보다 낮다

중등 영어를 가장 쉽게 잘하려면 초등학교까지 높은 영어 독서 실력을 갖추면 된다. 수많은 사례를 통해 문법적인 표현을 당연히 알 수 있게 한다. 우리말 문법을 배울 때도 이미 알고 있는 사례들이 많으면 이해가 잘 되는 것과 같다. 읽는 책에 비해 중등 영어 교과서 본문의 수준은 낮다.

교과서와 독서의 차이를 눈으로 확인하고 가자. 전 세계에서 선풍적인 인기를 끌어온 해리포터 시리즈와 중학교 교과서의 수준을 직접 비교해 보자. 독서를 즐기는 아이들은 초등학교 저학년에 해리포터 시리즈를 몇 번씩 읽기도 한다. 중고등 학생이 해리포터를 읽어도 도움이 되는 이유는 그 수준이 고등학교 영어 교과서보다 훨씬 더 높기 때문이다. 게다가 문장의 수려함까지 생각한다면 더욱 독서가 이로운 것이다.

먼저, 『해리포터와 마법사의 돌(Harry Potter and the Sorcerer's Stone)』 제1장 도입부의 내용은 다음과 같다.

The Boy Who Lived

Mr. and Mrs. Dursley, of number four, Privet Drive, were proud to say that they were perfectly normal, thank you very much. They were the last people you'd expect to be involved in anything strange or mysterious, because they just didn't hold with such nonsense.

Mr. Dursley was the director of a firm called Grunnings, which made drills. He was a big, beefy man with hardly any neck, although he did have a very large mustache. Mrs. Dursely was thin and blonde and had nearly twice the usual amount of neck, which came in very useful as she spent much of her time craning over the garden fence, spying on the neighbors. The Dursleys had a small son called Dudley and in their opinion there was no finer boy anywhere.

다음으로, 중학교 1학년 1학기 첫 챕터 도입부와, 3학년 2학기 마지막 챕터 도입부를 눈으로 살펴보자.

My Heart Map

I am Song Hajun. This is my heart map. It shows my favorite people and things.

My best friend is Kim Jinsu. We are very different. I like music, but Jinsu likes sports. I don't like animals, but Jinsu loves them. It's not a problem. We are good friends.

동아(윤) 중학교 1학년 교과서 제1과

Munjado, a Window into the Joseon Dynasty

Look at the painting on the right. Do you see the Chinese character, hyo(孝)? Do you also see a carp, a geomungo, and a fan? This kind of painting is called Munjado, and it is a type of folk painting that was popular in the late Joseon dynasty. In Munjado, there is usually a Chinese character with some animals or objects.

동아(윤) 중학교 3학년 교과서 제8과

해리포터는 제1권 1장의 내용은 중학교 3학년 교과서 한 권 전체보다 내용도 많고 어휘나 문장 수준도 높다. 제1권은 17장으로 이루어져 있고, 시리즈는 총 7권으로 이루어져 있다. 교과서 내용과 비교할 때 엄청난 수준 차이가 있다. 즐거워서 읽은 것이라 공부라기보다는 노는 일에 가깝다. 이런 시리즈를 섭렵한 아이들은 영어 텍스트에 대한 부담감을 갖지 않는다.

언어를 배우면서 문법이 틀리는 것은 자연스러운 과정이다. 아이들이 우리말을 배우면서 실수하는 것은 귀엽기도 하다. 외국인이 우리말을 배우면서 실수를 해도 불편하지 않다. 영문법을 배울 때 나오는 한자어는 우리말인데도 어렵다. 영문법이 어려운 것은 '분사', '관사', '관계대명사' 등의 일본식 한자 용어 때문이다.

아이가 읽을 원서 수준은 일부러 높이지도 않아야 한다. 읽기 수준을 높이면 모르는 단어가 많아서 책 내용이 이해되지 않는다. 내용을 놓치면 흥미도가 급격히 떨어진다. 책의 수준은 올리는 것보다는 낮추는 것이 더 안전하다. 안전하게 진입한 뒤 아이 스스로 책 수준을 올려나가는 편이 낫다. 레벨을 따지며 자존심을 부리지 말고 실속있게 하자. 책 속에 모르는 단어가 있어도 문맥 속에서 뜻을 유추할 수 있다. 책을 읽는 도중에 단어를 찾는 것은 좋은 습관은 아니다. 단어를 찾는 것은 독서의 흐름을 깨뜨린다.

중등 영어 교과서는 어린이용 챕터북보다 쉬운 내용이다. 중학교 성적은 대학 입시와 관련이 없다. 특목고에 가고 싶은 아이들에게 중등 성적이 중요하다. 이러한 상황을 냉철하게 파악하고, 늦었을수록 독서에 매달려야 한다. 독서로 독해력을 올리면서, 목표하는 시험의 기출 문제를 찾아 미리 실력을 점검하는 식으로 시험을 대비한다면 시간 낭비를 줄일 수 있다.

왜 아이에게 영어를 가르치는가? 영어 몰입 교육을 시키기 전에 꼭 생각해 볼 질문이다. 독서로 쌓은 영어 실력은 어떤 영어 평가 및 사용 환경에서도 뒤처지지 않는다. 독서는 선행이다. 팝송이나 영화가 들리고 유튜브에서 영어 자료를 마음껏 찾아 볼 수 있는 영어는 공부에 날개를 다는 길이다. 뒤늦게 영어를 공부하기 시작한 아이들일수록 팝송을 듣고, 영상을 시청하고 원서를 읽어야 하는데, 오히려 중학교 학교 시험을 대비하느라 아까운 시간을 낭비한다. 실력도 올릴 수 없고, 점수도 따라

가기 어렵다. '엄마표 영어', '원서 읽기' 같은 검색어로 인터넷에서 영어 공부법 정보를 구하자.

중학생인데 영어 때문에 걱정이라면 과감하게 모든 것을 접고 독서로 진행해 보자. 아이가 동의해야 가능한 방식이다. 중등 문법을 과감하게 포기하고 원서 읽기로 매일 한 시간 이상씩 집중한다면 1년 이내에 중등 평균 독해력 수준을 넘어갈 수 있다. 독서량이 충분히 쌓이면 중고등용 문법을 스스로 공부할 수 있다. 중등 문법 영어에 초점을 맞추면 독해력이 중요해지는 고등 영어에서 헤매게 된다. 고등에서도 문법과 단어를 암기하는 식으로 공부하느라 시간은 많이 걸리고 힘이 들며 다른 과목 공부를 할 수 있는 시간을 축낸다.

독서와 고등 영어
- 내신도 수능도, 암기 없이 쉽게 성적 받기

고등학생은 독서할 시간이 부족하다. 대학 입시가 가까워졌기 때문에 입시에 평가 조건을 충족하려면 공부 외에 할 일이 많다. 배우는 과목도 늘고 학교 수업이 늦게 끝난다. 다니던 학원을 하나만 추가해도 하루 여가 시간이 없다. 자투리 시간에 부족한 과목까지 보충하려면, 잠도 부족해진다. 이 상황에서 원서 읽기를 하는 아이는 공부의 신이다.

고등 영어도 두 갈래로 나뉜다. 먼저, 내신 영어가 있다. 교과서 본문을 기반으로 영문법을 중시한다. 중등 문법은 작은 규칙과 예외들도 많은 반면, 고등 문법은 굵직한 문법들을 스스로 설명할 수 있는 수준을 요한다. 단어의 수준과 양이 늘어난다. 두 번째는 모의고사와 수능 영어가 있다. 모의고사는 매년 2회 이상 치른다. 전국에서 동급생들이 보는 수능 준비 시험이기 때문에 과목별로 전국에서 자신의 위치를 알 수 있는 지표다. 총 45문항을 70분 안에 풀어야 하며, 듣기 17문항과 독해 28문항으로 구성되어 있다.

독서와 자율 활동을 중시하는 영재고를 진학한 작은아이는 수능을 보지 않는 전형으로 카이스트 진학을 목표로 하고 있었다. 학교는 수업 안팎에서 독서하고 토론하고 글을 쓰고 발표하는 활동이 많은 편이었다. 일반고로 진학한 큰아이는 내신과 모의고사 두 가지를 준비하는 것으로 가닥을 잡았다. 인근 학교 중에서 문법 위주가 아니라 모의고사 형식으로 내신 시험을 출제하는 학교였다. 3년 동안 수업을 열심히 듣고 시험 전에 자습서와 프린트를 읽는 수준에서 1등급을 받을 수 있었다. 한국식 문법으로는 공부한 적이 없는 큰아이가 굳이 문법 위주로 영어를 출제하는 학교로 갔다면 부담이 훨씬 더 컸을 것이다. 영어에 쏟아야 할 시간을 다른 활동이나 다른 과목 쏟을 수 있었다. 고등학교에서 독서는 많이 하지 못했다. 다만 시험이 끝나면 읽고 싶었던 원서를 쉬면서 읽었다.

독서로 공부한 아이들은 시험에서 범위가 아닌 부분의 문제가 출제될 때 시험을 잘 볼 확률이 높다. 영어 내신 시험의 경우도 선생님들은 난이도를 높이고사 할 때 약간의 외부 지문을 이용하는데, 그럴 때 독서를 많이 한 아이들은 새로운 지문에 당황하지 않고 신속하고 정확하게 문제를 풀어낸다. 배경지식과 어휘력이 좋아 문맥 속에서 내용이 저절로 파악되기 때문이다. 다독으로 다져진 속독도 모든 시험에서 유리하게 한다.

〈해리포터〉나 〈트와일라잇〉 등의 두툼한 시리즈 원서를 빠져서 읽는 아이라면 수능 영어 1등급을 받는 일은 어렵지 않다. 45문항 중에서 28문항이 독해인데, 모든 문제는 지문을 읽고 이해하면 저절로 풀린다.

처음 두 딸들에게 원서 독서로 안내하면서 나의 목표는 우리나라 공교육식 문법 공부와 단어 암기를 피하면서 시험을 잘 볼 수 있게 하자는 것이었다. 딸들은 단어를 암기해서 공부한 적이 없다. 독서 수준을 충분히 높였기 때문이었다. 〈해리포터〉, 〈퍼시잭슨〉, 〈고양이 전사들〉 등을 읽고 또 읽었다. 이런 습관 덕분에 문법도 단어 암기도 피하면서 소기의 목적을 달성할 수 있었다. 유학을 가지 않고 외국어를 가장 저렴하고 고급지게 배우는 방법은 영상과 독서라고 확신한다.

3

◆수학◆
독서로 수학의 개념과 실력을 쌓는다

　수학은 입시에서 가장 중요하고 어려운 과목이다. 수학을 잘하면 좋은 대학을 갈 수 있다는 말이기도 하다. 따라서, 수학은 초중고 공부 시간의 가장 많은 시간을 차지한다. 청소년 시기 가장 많은 공부시간을 차지하는 수학을 재미있게 만들어줄 방법은 없을까? 이런 의문을 품고 아이들이 어렸을 때 큰 서점을 들렀는데, 수학을 놀이 수준으로 재밌게, 생활과 밀착시켜서 설명하는 수많은 수학 도서들을 만나고 놀랐다. 수학과 독서를 연결함으로써 딸들은 처음부터 수학을 재미있고 호기심을 채워주는 놀이 차원의 과목으로 접근했다는 점이 가장 큰 소득이라 생각한다.

수학의 흥미를 주는 수학 동화를 읽혀라

수학은 나에겐 인내심을 테스트하는 과목이었다. 사칙연산이 현실과 관련 있다는 생각은 했지만 이후로 배운 수학은 현실과는 관련 없는 추상성 그 자체였다. 무료한 수업 시간에 누군가가 "현실에서 사용도 안하는 수학을 왜 배워야 돼요?"라는 질문은 꽤 했었지만 현실과 연결된다는 설명을 듣지 못했다. 순전히 점수를 잘받고자 하는 열망 하나로 학력고사 (문과) 수학에서 만점을 받기까지 얼마나 눈물나는 많은 노력을 했을지 상상해 보시라. 젊음을 현실에는 전혀 쓸모가 없어 보이는 수학에 쏟던 그 자취를 아이들이 또 밟지 않기를 강력히 원했다.

이런 바람에서 우리 딸들에게 사준 책들 중에 하나가 『수학 귀신』이었다. 이 책은 지난 20여 년간 전 세계에서 사랑을 받은 청소년을 위한 최고의 수학 동화로, 수학이라면 질색하던 주인공 로베르트가 꿈속에서 수학 귀신을 만나 그로부터 수학의 중요한 개념들을 하나씩 배워나가는 과정을 보여준 책이다. 총 12가지 방으로 구성되어, 각 방에서 앞으로 아이들이 초중고에서 배우게 될 다음과 같은 다양한 수학의 원리를 설명한다.

첫 번째 방	두 번째 방
숫자 1, 무한히 큰 수, 무한히 작은 수	숫자 0, 로마 숫자, 십진법, 음수, 깡충뛰기(거듭제곱)
세 번째 방	네 번째 방
나눗셈, 근사한 수(소수素數)	소수(小數), 순환소수, 무리수, 뿌리(제곱근)
다섯 번째 방	여섯 번째 방
삼각형 숫자, 정사각형 숫자	피보나치수열
일곱 번째 방	여덟 번째 방
숫자 삼각형(파스칼의 삼각형)	순열, 조합, 콩(팩토리얼)
아홉 번째 방	열 번째 방
평범한 숫자(자연수), 무한, 급수	무리수, 황금 분할, 오일러의 법칙 : 다면체의 정리
열한 번째 방	열두 번째 방
증명, 명제, 공리	클라인 병, 허수(i), 파이(π), 수학 귀신들

　수학을 너무 싫어하는 아이가 등장하기 때문에 눈길을 끌기 시작하여 각각의 스토리도 재밌지만 전체 12개 방을 한꺼번에 아우르는 꼼꼼한 기획이 인기의 비결이다. 억지로 개념을 설명하지 않고 원리를 이해시킴으로써 수학 머리를 타고나지 않은 많은 아이들에게 후천적으로 수학 머리를 부여하는 책이다. 이 한 권의 동화를 통해 초등학교부터 고등학교까지 수학 교과서에서 배우는 많은 내용에 흥미를 갖게 도와준다. 수학 교과 연계 내용을 정리하면 다음과 같다.

초등 수학 교과 연계	중등 수학 교과 연계
3-1 평면도형, 분수와 소수	1-1 소인수분해, 정수와 유리수
3-2 곱셈, 나눗셈, 분수	1-2 평면도형, 입체도형
4-1 큰 수, 곱셈과 나눗셈, 규칙 찾기	2-1 유리수와 순환소수, 식의 계산
4-2 분수의 덧셈과 뺄셈, 다각형	2-2 도형의 닮음과 피타고라스 정리,
5-1 약수와 배수, 규칙과 대응	경우의 수
5-2 소수의 곱셈, 합동과 대칭,	3-1 제곱근과 실수
직육면체	3-2 원의 성질
6-1 분수의 나눗셈, 비와 비율	
6-2 분수	

두 딸들이 하도 여러 번씩 읽기에 관심이 가서 읽어 봤던 기억이 있다. 오래 전에 읽은 책인데도 아직도 기억에 남는 개념과 원리로는 다른 수로 절대 나눌 수 없는 소수 이야기, 입체도형에서 〈꼭지점+면−선=2〉라는 공식, 가장 늦게 발견된 숫자 0의 이야기 등이다. 만약 이런 책을 나도 어렸을 때 읽을 수 있었다면 지금쯤 수학자가 되어 있을지도 모른다.

그밖에도 기억나는 책으로 『피타고라스 구출작전』, 『플라톤 삼각형의 비밀』, 『12개의 황금 열쇠』, 『과학공화국 수학법정 시리즈』, 『수학 콘서트』 등이 있다. 지금은 이런 좋은 수학 도서들이 더 많이 발행되어 있으니 서점에서 맛보기로 보거나 인터넷 미리 보기 등을 통해 구입하면 된다. 이런 책을 매일 읽는 것이 수학에 다가가는 길인지, 시중 문제집을 반복해서 푸는 게 좋은 길인지에서 나는 전자로 가겠다 마음 먹었다. 수학문제 는 최소한으로 풀면서 수학 도서나 '사고력 수학'에 오래 머무르게 했다.

이러한 방식으로 도움닫기를 하면 책를 읽으면서 수학의 각 단원별 개 념을 정확하게 이해하고 학교 생활을 하게 된다. 개념에 대한 정확한 이 해 없이 문제집부터 수없이 풀게 하는 일은 피하고 싶었다. 물론 초등에 서 중등까지 문제 풀이법을 암기해도 학교 시험 점수는 잘 나올 수 있다. 수학 머리를 타고난 아이는 독서하지 않아도 수학을 좋아하기도 한다. 좋아하니 잘하고 점수도 잘 받는다. 하지만 이런 수학 머리가 있는 아이 들에게 처음부터 『수학 귀신』과 비슷한 책을 100권 이상 읽게 한다면 아 이들은 수학을 가장 좋아하는 아이가 될 수 있다. 학교 수학 성적은 최상 위를 차지할 것이다.

수학을 더 잘하고 싶은 마음이 스스로 원리를 연구하고 싶게 만들 것 이다. 수학 머리가 좋은 아이가 독서까지 잘하면 전국권 경시대회에 출 전하여 좋은 성적도 낸다. 이런 아이들이 수학, 과학 영재원에 합격하여 영재고, 과고, 특목고로 진학하게 된다. 수학도 책읽기가 교과 공부에 도 움이 많이 된다는 점을 설명했으니, 앞에서 독서가 전 과목의 선행이라 고 했던 나의 말을 조금 더 잘 이해할 수 있을 것이다.

일상에서 춤추는 수학을 알게 하라

　독서는 수학에 또 어떤 도움을 줄까? 나는 수학이 인간과 사회에 어떤 관련이 있는지를 모르고 공부했다. 인생에 필요하지도 않을 것 같은 수학에 모든 학생들이 이렇게 달려드는 것이 시간 낭비 같다는 생각도 했었다. 오로지 수학 점수를 잘 받아야 좋은 대학에 간다는 일념 하나로 개념을 모르고 오직 손품으로 10여 년 수학과 싸운 나의 어린 시절이 지금 생각해도 무척 애처롭다.

　수학의 개념의 유래와 필요성을 책에서 만나면 수학은 일상을 설명하는 흥미가 된다. 내가 고3일 때는 문과생들도 고등학교에서 미분과 적분을 배웠다. 공식부터 암기한 뒤에 문제를 마구 풀었다. 시중 문제집에 나온 문제를 다 풀면 틀리는 문제가 없을 것이라는 자세였다. 수학 선생님은 공식 몇 가지를 꼭 암기해두라고 하셨다. 어려우면 이리 저리 대입하면 답이 나올 것이라고 알려주셨다. 진짜로 학력고사에 미분 한 문제, 적분 한 문제가 출제 되었는데, 암기한 공식에 대입하니 답을 찾을 수 있었다. 지금도 그 문제가 어떤 현실의 문제를 해결하기 위한 것인지 알 길이 없다. 현실과 관련 없어 보이는 수학을 하루 종일 붙잡고 살면서 수학은 인내를 배우는 과목이라고도 생각했었다. 지금도 수학 정석을 보면 그때 암기했던 공식이 떠오르니 당시에 암기를 얼마나 열심히 했는지 알 수 있다.

엄마가 되고 아이들에게 수학의 재미를 알려주고 싶어서 서점에서 찾은 수학 동화를 보고 신세계를 만난 것 같았다. 수학이 우리 생활에 얼마나 도움이 되는지를 알려 주는 책이 무척 많았기 때문이었다. 몇 권만 읽어도 저절로 수학에 흥미가 생길 것 같았다. 딸들은 수학에 관한 책을 수백 권은 읽었을 것이다. 거기에는 〈수학동아〉라는 월간지도 포함된다.

어깨 너머로 조금씩 읽어보기도 했던 나는 수학이 과학 발전에 절대적인 영향을 미친다는 점을 알게 되었다. 풀리지 않는 수학의 난제들이 풀렸다는 소식이 들리면 왜 세계가 특히 과학계가 열광하는지를 알게 되었다. 수학 도서를 읽으며 경제학, 물리학, 천체, 국방, 건축, 금융, 컴퓨터 등의 영역이 수학의 발전 없이는 발전할 수 없다는 것을 알게 되었다. 딸들은 수학을 처음부터 연신 재밌게 즐겼다. 책을 수백권을 읽은 후에 사고력 수학 문제를 시작했다. 최대한 학교 교과를 위한 문제 풀이는 늦출 생각이었다. 수학자가 되기에는 부족한 노력이지만, 대학입시에서 좋은 점수를 받는 데까지는 충분했다.

아직도 수학 계산 문제를 푸는 것이 수학이라고 가르치는 문화는 강하다. 많은 양을 풀다 보면 저절로 수학의 원리를 알게 된다는 말이 아예 틀린 것은 아닐 것이다. 그러나 수학 머리가 특출난 일부를 제외한 사람들에게 수학을 재밌는 공부로 인도하는 수학 도서들이야말로 우리 아이들에게 즐거운 초중고를 선물해준 축복이었다. 좋은 책들을 만나 흥미가 생긴 뒤 시작하면 수학이 누구에게나 어렵다는 누명을 벗을 수 있을 것이다. 느긋하지만 수학을 잘하는 아이로 키우고 싶은 부모라면 수학 독서를 가장 먼저 챙기는 것이 비결이다.

아이가 일상에서 수학을 적용하기 시작했다

"○○아, 집에서 학교까지 이 자전거로 몇 바퀴면 도착할까?"

"음, 학교까지 거리가 얼마나 돼요?"

"600m 정도!"

"엄마, 이 자전거 지름이 1m쯤 되잖아요. 바퀴는 원이니까 둘레 길이는 지름에 π(3.14)를 곱하는 거잖아요. 한 바퀴는 3m 정도이고, 학교까지 600m라면 200바퀴 정도면 도착할 거 같아요."

큰아이와 이 대화를 하면서 머리에 암기로 들어있던 파이(π) 개념이 일상으로 들어왔고, 선명하게 다가왔다.

"아주머니, 이 사과 얼마예요?"

"이쪽은 10개에 만 원이고, 저쪽은 5개에 만 원이에요."

"○○아, 어떤 거로 살까?"

"엄마, 5개짜리가 더 좋을 거 같아요."

"왜?"

"5개가 부피가 더 많을 것 같아요. 사과는 구니까. 부피는 4/3π에 반지름 세제곱을 하잖아요. 작은 거는 반지름이 3cm쯤이니까 부피가 27× 10=270이고, 큰 거는 반지름이 4cm 정도니까 64×5=320쯤 되니까 지름이 큰 사과가 양이 더 많을 거 같아요."

'아! 이럴 때도 수학이 이용되는구나….'

$$구의 부피 = \frac{4}{3}\pi r^3$$

구의 부피 구하는 공식

　　작은아이와 이 대화를 한 후에 과일 가게에서 과일을 살 때는 지름이나 반지름 길이를 생각하는 습관이 들었다. 예를 들어 수박을 살 때 지름이 길면 더 많아 보였다. 남아서 썩는 상황이 아니라면 지름이나 반지름을 잠시 계산하는 재미가 생겼다.

아이들이 읽는 수학 동화는 이런 이야기들의 연속이다. 재밌는 스토리에 수학적인 개념이 살짝 들어가 있어서 수학이 공부라는 생각은 들지 않는다. 수학의 개념을 머리 속에 쏙 넣어준다. 그런 이야기를 읽어본 아이는 학교 수업시간에 따로 개념을 듣지 않아도 문제를 잘 이해하게 된다. 수학 관련 도서를 100권 이상 읽었다면 이미 고등이나 대학에서 배우는 여러 가지 수학의 개념을 알고 있다고 봐야 한다.

수학 독서로 점점 지식과 원리를 쌓다 보니 어려운 문제를 만나면 '아, 이 문제 재밌겠다!' 하면서 자매가 머리를 맞대고 한참을 생각하곤 했다. 그에 비하면 우리들이 배운 수학은 기호와 공식부터 암기하는 식이었다. 공식만 기억하고 있으면 그 공식을 대입하면 풀리는 문제가 주로 나왔다. 계산 문제를 반복적으로 많이 풀면 학교 수학을 잘할 수 있었다.

문제집 말고 수학 관련 책은 뭘 읽게 할까?

"수학도 도서가 있어요?"라고 묻는 부모님들도 있다. 아이들에게 어떤 수학 관련 도서를 읽게 할지 궁금하다면 대형 서점의 어린이 서적 수학 과학 코너로 가보시라. 수백 가지 이상의 수학 도서가 진열되어 있다. 인터넷 맘카페에서 잘 찾으면 독서만으로 수학 영재나 수학 천재가 되는 아이들의 이야기도 있다. 영재나 천재 영역은 손으로 푸는 문제에 관심이 있는 것이 아니라 수학의 원리에 몰입하는 것이다. 흥미와 호기심보다 더 좋은 동기는 없다.

아이들이 초등학교에 다닐 때 '사고력 수학'이라는 개념이 전국을 휩쓸었다. 암기한 수학 공식에 숫자를 대입하며 문제를 풀어내는 손작업이 아니라 수학의 원리를 스스로 생각하면서 공식을 도출해내는 생각하는 수학을 말한다. 일반 문제집을 많이 풀어서 수학을 잘할 수도 있지만, 기왕이면 수학하는 재미를 알려주고 싶었다.

아이들은 '스도쿠 퍼즐'이나 '멘사 퍼즐', '틱택토', '지뢰찾기' 등의 게임을 좋아했다. 바둑, 장기, 체스, 보드 게임 등도 수학적인 사고를 게임으로 끌어들인 것이다. 전략 없이 게임을 이기기는 어렵다. 이런 게임을 하는 동안 논리력이 키워질 것이라 생각했다. 아이들은 놀면서 수학에 필요한 두뇌를 가꿨다. 이렇게 키워진 논리력이 아이들이 수학을 좋아하고 잘할 수 있게 만든다고 생각했다. 많은 문제를 반복해서 풀지 않으니 수학에 대한 호기심을 유지할 수 있었다. 새로운 개념을 알게 되면 신기해한다. 책과 놀이로 수학의 기본과 재미를 동시에 얻을 수 있다.

수학 머리를 키우기 위해 문제집을 풀게 하는 것은 좋은 방법이 아니다. 수학은 논리를 키우는 과목이다. 아직 발달이 덜 된 뇌에 재밌는 논리 소재를 주는 것이 먼저다. 논리를 사용하는 연습을 하도록 하는 것이다. 예를 들어 바둑이나 체스, 고스톱이나 장기는 깊게 사고하는 힘을 길러준다. 책『멘사 퍼즐』,『스토쿠 퍼즐』,『지뢰찾기』 등은 한 페이지를 오래 응시하며 집중해야 문제가 해결되는 것들이다. 논리적으로 생각하면서 즐기는 사이 수학에서 필요한 집중력, 사고력, 논리력이 자란다. 축구를 잘하기 위해 달리기를 매일 연습하는 것과 같다. 축구를 잘하고 싶다고 축구공만 차는 것은 멀리 바라보는 전략이 아니다.

〈디딤돌 수학〉처럼 아주 어려운 초등 수학 심화 문제집을 두 아이에게 모두 사주었다. 초등학교에서 배우는 수학 원리에서 파생되지만 한 문제를 가지고도 몇 시간 며칠을 고민할 수 있는 고난도 문제였다. 문제 풀이만 한 페이지 이상이 되는 문제도 많았다. 딸들은 수학적으로 생각하는 자체를 즐기며 답지를 먼저 보려하지 않았다. 답을 맞았는지 보다는 원리를 깊이 생각하여 해답에 이르는 과정을 즐기는 것 같았다.

중학교 고등학교 수학 선행보다 자기 학년의 수학 심화 학습이 훨씬 더 어렵고 많은 사고력을 요구했다. 사고력 심화 문제를 많이 푸느라 수학 선행을 몰아서 조금씩 하고 있었다. 하지만 조바심이 나지는 않았다.

이미 독서를 통해 수학 머리는 좋아졌다고 보았기 때문이다. 자기 학년 심화 수학문제가 선행보다 훨씬 수학적 사고력을 키워준다고 믿었다. 미리 교과 수학 선행을 하면 문제를 푸느라 이런 과정에서 재미를 놓칠 수 있다. 적은 수의 문제를 풀면서도 수학적 흥미와 사고력을 튼튼하게 쌓을 수 있었다.

작은아이가 수학 영재원을 거쳐 과학 영재원을 꾸준히 다니면서 결국 영재고에 입학할 수 있었던 것은 대체로 독서 덕분이다. 아이들을 수학자로 키울 자신은 없었지만, 딸들이 매일 배우고 공부를 즐기는 길로 잘 이끌었다는 자부심은 있다. 덕분에 영재고 입시를 준비하는 기간까지도 독서를 즐겼으며, 영재고에서도 독서를 잘 이끌어 주었다. 수학을 공부하는 과정에서 아이들이 공부하고 싶지 않다고 떼를 쓴 적은 없었다.

학교에서 배우는 과목 중에서 대학 입시는 수학을 잘하는 아이들에게 유리하다. 수능 시험 과목 중에서 수학은 추상성이 높은 과목이다. 그래서 수학 학원이 가장 많다. 수학은 또한 누적성이 강한 학문이어서 이전 학년의 학습이 부족하면 다음 학년 학습이 어렵다. 누적 학문에서는 모르는 부분을 메꾸고 앞으로 나가는 것이 무조건 선행을 하는 것 보다 실속 있다. 아이가 수학 점수를 망쳤을 때는 과감하게 복습을 먼저 해야 한다. 이전 학습이 불안전한 상태에서 상황에 밀려 선행을 했다가는 효과가 떨어지고 갈수록 성적이 떨어진다. 이런 점을 아시는 부모이거나, 수학 선생님이라면 수학 시험을 망친 아이에게 선행 수업을 강행하지 않는다.

본인 실력이 아닌 다른 아이들 수준에 맞춘 문제집으로 공부하거나 선행을 하는 일은 피해야 한다. 그렇게 많은 아이들이 어려서부터 수학 학원을 열심히 오래 다녀도, 고등학생이 되면 왜 60%~70%의 아이들이 '수포자'가 되는지 생각해봐야 한다. 이전 학년의 수학 개념을 제대로 익히지 못했는데 다음 학년 수학을 시작했기 때문이다. 그러면 수학은 점점 더 알 수 없는 외계어처럼 들릴 것이다. 수학의 경우는 복습과 심화가 안전한 방법이다. 그러고도 시간이 남는다면 선행은 덤이다.

논술전형에서는 수학논술 시험만으로 합격 여부를 가린다. 내신이 반영되기는 하지만 형식적이고, 수학논술 시험만 잘 본다면 합격 가능성이 높다. 내신 성적의 등급 간 점수 반영 차이가 미미하기 때문이다. 수학과 과학을 둘 다 잘한다면 수학과 과학 논술 시험이 있는 대학의 문을 두드릴 수 있다.

4

◆ 과탐 ◆
과학 독서는 과학을 좋아하게 한다

과학 책으로 과학을 취미 삼고 과학자를 꿈꾸다

일상의 호기심이 모두 과학이었다. 아이들이 까르르 웃으며 읽던 과학 도서를 가끔 읽으며 알아낸 사실이다. 과학은 어렵다는 누명을 쓰고 있었던 것이다. 과학을 어렵다고 오해하는 학생들에게 몇 권의 과학 도서를 권해주면 그 책을 읽고는 과학이 좋아졌다고 했다. 어렸을 때 만일 지금 아이들이 읽었던 과학 책들을 내가 읽었더라면 과학도가 되었을지도 모른다.

생활 속에서 무심코 지나치는 현상들 속에 과학이 살아 숨쉰다. 예를 들어 과학 책은 '맨홀 뚜껑은 왜 동그란가?'라는 질문에 답을 해주었다. 그 질문을 보니 '그러게. 궁금하네….'라는 생각이 저절로 들었다. 맨홀 뚜껑이 사각형이나 오각형 등의 다른 모양이면 맨홀 구멍에 빠질 수 있다. 동그라미(원)는 반지름이 같은 점들의 집합이기 때문에 뚜껑을 돌려도 구멍에 빠지지 않는다. 또한, 맨홀 뚜껑은 여름에는 팽창하고 겨울에는 수축한다. 다각형이면 각진 부분이 아귀가 맞지 않을 우려가 있다. 하지만 동그라미 모양이면 고르게 수축과 팽창하므로 뚜껑에 잘 맞는다. 게다가 동그라미는 면적이 적어서 재료를 절약할 수 있다. '아, 그렇구나!'라는 탄성과 함께 무엇을 안다는 즐거움이 솟았다. 과학 도서를 읽는다는 것은 책 한 권에 수십 가지의 이런 정보를 알아낸다는 것이었다.

딸들이 좋아했던 과학 도서는 낱권도 많지만, 시리즈도 있었다. 〈WHY〉 시리즈는 만인의 과학만화다. 책의 권수도 많았는데 아이들은 여러 번씩 읽으며 즐거워 했다. 자기도 모르는 사이에 과학적인 상식이 늘어나니 과학 시간에 나오는 원리들이 어렵지 않게 여겨졌을 것이다. 이 밖에도 기억나는 시리즈는 〈내일은 실험왕〉, 〈어린이 과학동아〉, 〈어린이 과학 형사대 CSI〉, 〈법정 시리즈〉, 〈과학동아〉 등이 있다. 이런 책들을 읽으면서 과학계의 이모저모를 듣고, 논의되는 토픽에도 관심이 생겼다. 중고등학교에서 배우는 주제에 대한 선행 지식이 쌓였다.

딸들의 과학에 대한 흥미를 높이는 또 하나의 방법으로 영상이나 영화 시청도 있었다. 유튜브를 검색하다가 EBS에서 방영한 〈빛의 물리학〉이라는 특집을 찾았다. 아인슈타인의 상대성이론을 다큐멘터리 영상으로 설명해주는 영상이었다. 어렵다고만 생각하던 시간의 상대성에 대해 이해할 수 있는 시간을 가졌다. 시리즈의 첫 편을 딸들에게 보여주었더니 얼른 다음 시리즈를 보고 싶어 했다. 시리즈 전체를 보고 나서 다시 보기도 하면서 큰 딸도 작은 딸도 물리학자가 되고 싶다는 말을 할 정도였다. 이처럼 어린 나이에 보는 영상과 독서는 아이들의 꿈과 진로에 큰 영향을 남긴다. 〈인터스텔라〉나 〈그래비티〉 같은 영화를 보고 나서는 우주에 대한 관심이 부쩍 늘었다.

책 한 권을 즐겁게 읽는 것이 학원 한 달 수강보다 더 가치가 있고 얻은 것이 많다고 생각했다. 학원까지 멀리 오갈 필요 없이 소파에 앉아 간식을 먹으며 누워서도 할 수 있다. 독서는 숙제가 없으며, 읽고 싶지 않을 때는 안 읽어도 된다. 읽고 싶을 때 읽고 싶은 책을 읽으니 취미에 가깝다. 과학 독서는 과학을 취미처럼 가깝게 만드는 역할을 했다.

학부모로부터 책을 읽어야 하는지 질문을 많이 받았다. 한 가지 질문에 단답식으로 답변할 수 없는 입시 환경이라, 하나의 질문을 들으면 자녀가 처한 상황을 모두 듣고 답변하는 습성이 생겼다. 입시를 향해 아이들의 활동이 효율적으로 굴러가야 중복되거나 낭비되는 부분이 없어져서 아이들이 조금이나마 더 놀 수 있으리라는 생각을 하기 때문이다.

예를 들어 초등학교 5학년과 2학년 아이를 둔 엄마가 영어를 어떻게 공부해야 하는지를 물어오신 적이 있다. 두 아이는 모두 공부를 잘하는 편이었다. 아이들은 독서도 많이 하는 아이들이었다. 아이는 영어 문법 학원을 일주일에 두 번 다니고 있었다. 영어를 독서로 하는 방법을 설명했다. 좋은 방법이라면서 그렇게 바꿔보고 싶다고 했다. 어떤 책들을 읽어야 하는지를 적어 주었다.

다음으로 수학과 과학을 살찌우는 방법으로 우리집 두 딸이 읽었던 수학 도서와 과학 도서의 제목을 알려주고, 아이들이 좋아하는지 찾아서 아이들이 선택하게 하라고 조언했다. 그리고 추가적으로 필요한 도서는 나중에 다시 문의하든지, 인터넷에 충분한 정보가 있다고 말씀드렸다. 이렇게 독서를 추가하면 모든 과목에 선행과 심화 효과를 낼 수 있다.

학원을 접고 독서로 변경하여 아이들의 스트레스가 훨씬 줄었고, 수학 학원에 더 즐거운 마음으로 다닌다는 후일담을 들을 수 있었다. 소설 위주였던 한글 독서를 과학 쪽으로 돌리면서 과학의 재미를 알게 되면서, 두 아이는 모두 이공계 학과로 진학하겠다는 목표를 갖게 되었다.

과학의 영역은 넓다. 아이들이 과학 도서를 즐겁게 읽다보면 어느 순간 가장 마음에 드는 영역이 나온다. 그리고 그 다음 책은 그 좋아하는 영역에서 수준을 올려나간다. 자꾸만 재밌어서 다음 책을 찾는 그 영역이 아이가 전공할 학과가 된다. 고등학교 과학은 물리, 화학, 생물, 지구과학, 정보로 나뉜다. 우리집 딸들이 더 관심을 보이는 독서를 통해 물리와 천체에 대해서 조금 더 흥미를 보인다는 사실을 알게 되었다. 과학 독서는 아이들의 진로를 완성해주는 뚜렷한 증거가 된다.

독서는 현실에 뿌리내린 과학을 알려준다!

과학을 싫어하는 아이들은 많지만 실험을 싫어하는 아이들은 적다. 용어와 공식이 먼저 나와서 현실과 동떨어진 추상성을 보이면 개념을 이해하기 어려워지는 것이다. 좋은 개념 수업은 그 뿌리를 현실에 내리는 사례에서 시작되어야 한다.

큰아이는 엄청난 다독으로 어느 영역이나 수월하게 이해하는 단계에 접어 들었다. 학교 시험도 수월했다. 영재고를 준비해보면 어떻겠냐는 말을 많이 들었다. 중학교 1학년 때 영재고 물리를 한다는 학원에 찾아갔다. 원장님은 대뜸 큰아이에게 "속도가 뭐니?"라고 물으셨다. 아이는 "일정 시간에 이동한 거리요."라고 답했다. 원장님은 "너는 물리 개념이 있는 아이구나!"라고 하셨다. 보통은 속도가 뭐냐고 물으면 'd/t요'라고 공식으로 답한다고 했다. 공식으로 답변하지 않고 생각으로 말하는 습성이 있는 것으로 보아 '생각하는 공부'를 한다는 것이었다.

개념으로 익힌 것은 시간이 지나도 잊히지 않는다. 우리나라 공부는 공식을 암기하고 시작하는 공부가 아직 지배적이다.

창의성, 도덕심, 의사소통능력을 갖춘 미래 과학 인재

선행 학습을 금지하는 독일에서는 학부모들도 선행을 시키지 않는다. 선행을 해두면 수업시간에 배우려는 생각이 들지 않으며, 다른 학생들의 학습을 방해하기 때문이라고 한다. 처음은 앞서지만 시간이 갈수록 창의성과 확장성이 부족해서 새로운 이론을 제시하지 못하는 학계의 특성은 우리나라 교육의 큰 문제점이다.

결국 공부 자체에 대한 즐거움과 원리보다 누가누가 점수를 잘 받나를 위주로 아이들을 이끌다 보니 호기심과 주도성을 잃어버린 것이다. 우리나라에서 특목고를 나온 미국 유학생이 화학 수업을 들어갔더니 교수님에게 아주 기본적인 질문을 하더란다. '아니, 저렇게 쉬운 질문을 대학에 와서 하다니…' 우리 나라였다면 질문한 학생에게 눈치를 주고 교수는 답변을 하더라도 표정이 좋지 않았을 것 같다. 하지만 교수는 성실히 답변했고, 학생들도 경청을 했다는 것이다. 그런데 교수가 제시하는 과제는 늘 무엇인가 문제를 제기해서 실험을 설계하거나 창의하는 활동이 대부분이었기에 한국에서 배운 문제 푸는 기술이나 암기한 공식을 사용할 수 없어서 어려움을 많이 겪었다고 했다. 학계에서 요구하는 학자의 자질은 이미 검증된 공식을 알고 있다는 사실이 아니라 '그 다음에 무엇을 알아낼 수 있는가?'라는 창의성이다.

일단 점수부터 높여 놓고 보자는 경쟁 교육은 어느 정도의 대학 수준과 밥벌이 직장을 안전하게 보장할 수는 있다. 적어도 우리나라에서만은 그럴 수 있다. 하지만 세계와 경쟁해야 하는 AI 시대에 이런 학습으로는 살아남기 힘들다. 국가가 영재아들을 키우는 방법마저 대부분 문제를 풀어가는 과정이다. 평가로 점수를 저울질하기 위한 활동으로 가득찼다. 영재들에게 독서할 틈을 주지 않는다.

토론은 이과생들에게 불필요한 요소로 간주하기도 한다. 혼자서 창조하는 시대가 아니다. 협업으로 큰 프로젝트에 참여하여 새로운 것을 창조하려면 의사소통 능력이 중요하다. 또한 인간을 지배하는 기술이 아니라 인간을 위한 기술이 되게 하려면 인문학적 소양을 갖춘, 도덕심이 강한 과학자를 배출해야 한다. 이런 의미에서 영재들에게는 특별히 더 독서와 토론이 강조되어야 하지 않을까?

노벨상은 창의성의 최고봉에게 바치는 경의다. 교사가 아는 것을 가르쳐야 한다는 신화를 벗고, 학생들이 호기심을 펼칠 수 있고 교사를 넘어서도록 환경을 조성하고, 질문으로 이끌어야 한다.

5

◆ 사탐 ◆
독서로 쌓은 상식은 사탐에서 빛난다

고등 사탐은 독서로 준비하라

사회탐구 과목에는 윤리와 사상, 생활과 윤리, 한국지리, 세계지리, 동아시아사, 세계사, 경제, 정치와 법, 사회와 문화 총 9과목이 있다. 사람과 관계된 사회에서 일어나는 모든 현상에 대해 배우는 과목이 사회다. 사회 과목은 용어와 설명이 이야기 방식이 아니라 딱딱하고 어렵다. 따라서 교과 연계 독서 시리즈를 잘 골라서 읽는다면 쉽게 접근할 수 있다.

나는 대학생이 될 때까지 도서관에 대해 잘 알지 못했다. 집에도 읽을 책이 없었다. 읽을거리가 없으니 국어 교과서 속 이야기를 외다시피 읽었다. 가끔 소설책이나 위인전을 조금 읽었지만, 수준이 높아서 매번 첫째 챕터만 읽다가 포기하거나, 읽고 나서 무슨 말인지 모르는 어려운 책들을 읽었다. 초등 시절에 세계명작이나 창작동화 시리즈 한 세트만 있었어도 공부가 더 재밌었을 것이다.

내가 어린 시절에 독서하지 못한 것을 반면교사 삼아 딸들에게는 독서 환경을 잘 갖춰주기 위해 많은 노력을 기울였다. 딸들에게 사회 탐구 과목을 쉽게 이해시키기 위해 만화 시리즈를 사주었다. 이과 지망생들이 어려워할 수도 있는 사탐 영역에서 딸들이 잘 적응할 수 있었던 이유는 꾸준히 했던 사회 독서 덕이었다. 물론 위인전이나 세계사 등 인간과 사회에 대해서는 과학 책처럼 까르르 웃는 경험이 적은 것을 보면서 '아, 이 아이들은 둘 다 아빠를 닮아 이과생이 될 모양이로구나!' 생각하기도 했다. 세계사 책만 읽는다거나 한국사 책읽기에 빠진다거나 위인전을 특별히 좋아한다는 아이들의 이야기를 꾸준히 들었기 때문이었다.

독서 없이는 어렵다

고등학교 동창 중에서 두 명의 독서광이 있었다. 쉬는 시간이면 두 친구는 듣도 보도 못한 재밌는 이야기보따리를 풀었다. 주로 둘이서 읽었던 책과 봤던 영화 이야기였다. 상식도 풍부하고 그 많은 이야기를 알고 있는 친구들이 부럽기도 했다. 둘은 다른 아이들과 달리 공부 대신 독서를 했으며, 그들의 박식함의 출처는 분명 독서였다. 그 친구들이 똘똘한 것은 사실이었으므로 시험공부를 늘린다면 금세 시험 성적이 뛰어오를 것이었다. 따라 할 수 없는 친구들의 지적인 토론이 부러웠다.

고등학교 사회 과목은 국어보다 더 많은 상식과 경험을 아는 것이 필요했다. 수업 시간에 열심히 듣는 것만으로 많이 부족한 과목이 사회였다. 공부를 한다는 핑계로 TV도 많이 시청하지 않았다. 시골에서 고등학교 때 갑자기 대도시로 나오니 세상이 어떻게 돌아가는지 간접 경험도 무척 부족하던 때였다. 사회 과목이 가장 어려웠다. 쏟아지는 졸음을 참으며 수업을 들었지만 공부를 미루고 싶은 과목 1순위였다. 선생님이 좋아서 공부를 더 하고 싶은 행운도 일어나지 않았다. 특히 정치와 법이라는 영역은 더 어려웠다. 수업 시간에 집중하는 것만으로 쉽게 실력이 쌓이질 않았다.

80년대 말 대입 학력고사를 종일 치르고 저녁에 답지를 보며 채점했다. 옆에서 지켜보시던 아버지는 "답지가 틀린 거 아니냐?"고 하셨다. 그럴 리가 있겠는가. 사회 시험을 망친 것이다. 대학생이 된 후 독서의 세계에 빠져 세상을 알아가면서 독서가 얼마나 많은 상식과 지식과 지혜를 안겨 주는지 비로소 알게 되었다. 중학교 때까지 꾸준히 독서를 해왔더라면 사회 공부를 하면서 그리 어렵지 않았으리라는 아쉬움이 남았다.

사탐을 쉽게 해주는 다독

간혹 역사가 너무 재밌다는 친구들이 있었다. 그 친구들에게 이유를 물었더니 역사에 관련된 책을 읽다가 역사가 좋아졌다고 했다. 재밌으니 수업시간에 더 관심이 간다는 것이다. 잘하게 되니 더욱 잘하고 싶은 마음이 일어났을 것이다. 역사 교과서에 자기가 아는 얘기가 등장하니 흥미로웠을 것이다.

또 한 부류는 TV에서 사극을 할 때 빠져서 본다고 했다. 역사책을 드라마화 한 것이 사극이니 옛날 이야기를 통해 그 시대 사람들의 생활을 자세히 엿보았다는 것이다. 이에 반해 내가 중학교 때까지 배운 역사는 어느 왕 때 어떤 업적을 이뤘으며, 그 연도는 언제인지를 암기한 기억이 대부분이었다. 스토리가 빠지니 역사를 왜 배워야 하는지에 대한 인식이 싹트지 못했다. 그래서 중학교 때까지 TV를 보지 않았던 걸 후회하기도 했다. 개인이 달성한 일을 왜 왕의 업적이라고 암기해야 하는지 이해할 수 없었다.

두 딸들은 만화로 한국사를 처음으로 읽었다. 얼마나 재밌는지 깔깔거리며 볼 때 나도 아이들과 함께 전집을 다 읽었다. 많이 늦은 시기였지만 역사가 얼마나 재밌고 중요한지를 아는 기쁨을 느꼈다. 역사에 대한 관심이 생기니 시대별 다른 나라의 상황을 알고 싶어졌다. 세계사로 흥미가 옮겨 붙었다. 이처럼 독서를 하다 보면 읽는 도중에 다음에는 어떤 책을 읽고 싶다는 생각이 확장된다. 그래서 독서를 스스로 학습하는 공부법이라고 말하는 것이다.

공대생인 두 딸에게 사회의 다양한 활동과 체계를 알려준 것이 독서다. 그렇지 않아도 대인 관계와 대화에 쑥스러움이 많은 이공대생에게 속으로라도 인문 사회 영역의 대화와 토론을 듣고 잘 이해할 수 있게 한 것만으로도 독서에 감사하다. 인문 사회 영역은 독서와 더 직접적인 연관을 두기 때문에 다독이 곧 성적이 되기 쉬운 과목이다.

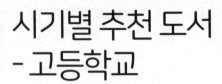

시기별 추천 도서
- 고등학교

 고등학생들은 시험공부를 하느라 시간은 없고 해야 할 활동은 많다. 독서를 할 시간이 나지 않지만, 방학이나 시험이 끝난 직후 짬을 내서 책을 읽으면 문해력을 높일 수 있다. 생각이 논리적이고 깊어진 상태에서 읽은 단 한 권의 책을 통해 평생을 좌우하는 어떤 아이디어나 가르침이 있을지 아무도 예측할 수 없다. 짧은 시간에 문해력을 높이고자 할 경우, 어려운 지식도서를 분석하고 정리하면서 읽기를 권장한다. 그런 책을 보면 머리가 아프다고들 한다. 쓰지 않던 논리를 담당하는 뇌 근육이 놀라서 깨어나는 과정이다. 근육이 탄탄해지면 문해력은 높아진다.

국어
시리즈 : <토지> <대지> <태백산맥> <한강>
낱권 : 『쉰들러 리스트』 『지킬박사와 하이드』 『동물농장』 『주홍글씨』 『하얼빈』
　　　 『남한산성』 『칼의노래』

영어
시리즈 : <The Hunger Games> <Sherlock Holmes> <Agatha Christie
　　　　 Mystery> <Warriors> <Percy Jackson>
낱권 : 『The Boy in the Striped Pajamas』 『To Kill a Mockingbird』 『The Catcher
　　　 in the Rye』

수학

낱권 : 『새빨간 거짓말, 통계』『1/n의 함정』『통계의 미학』『위대한 수학』『틀리지 않는 법』『이미테이션 게임』『세상을 움직이는 수학개념 100』『미적분으로 바라본 하루』『세상에서 가장 재미있는 미적분』『수학의 유혹』『박사가 사랑한 수식』

과탐

시리즈 : <베르나르 베르베르 전집> <월간 Newton>

낱권 : 『코스모스』『시간의 역사』『엘러건트 유니버스』『사피엔스』『털없는 원숭이』『종의 기원』『이기적 유전자』『화학으로 이루어진 세상』『특이점이 온다』『암호의 과학』『1.4 킬로그램의 우주, 뇌』『법칙, 원리, 공식을 쉽게 정리한 물리·화학 사전』『공학이란 무엇인가?』

사탐

낱권 : 『아웃 라이어』『거꾸로 읽는 세계사』『정의란 무엇인가』『왜 세계의 절반은 굶주리는가?』『데일 카네기의 인간관계론』『돈으로 살 수 없는 것들』『자존감 수업』『장하준의 경제학 레시피』

고등학교 시기 핵심 – 독서로 전공 적합성을 조절하라

독서로 전공적합성을 높이는 10가지 방법	
1	관심 분야의 다양한 전문 서적을 탐독한다
2	학술지를 구독하여 최신 연구결과를 확인한다
3	전문가들의 SNS에 가입하여 최신동향을 탐구한다
4	전공 관련 동아리에 가입하거나 만들어 관련 자료를 공유한다
5	전공 분야의 포럼이나 커뮤니티에서 정보를 교류한다
6	전공 분야에서 새로운 영역을 탐색한다
7	전공 분야 논문을 읽고 전문 용어에 익숙해진다
8	전공 분야 전문가들의 강의나 영상을 시청한다
9	전공 분야 관련 과목 선생님과 자주 면담한다
10	전공 분야가 같은 친구와 자주 토론한다

이런 교육이길 바란다

'고래 싸움에 새우등 터진다'는 말은 우리나라 교육 실정에 딱 맞다. 공교육과 사교육의 팽팽한 줄다리기 싸움에서 아이들과 부모들, 교사들은 괴로움에 빠진다. 다행히 독서에 대한 나의 확신이 아이들을 독서로 이끄는 바람에 그 고통의 상당부분을 피했지만, 목동이라는 지역의 특성상 특히나 사교육에 시달리는 아이들의 고통스러운 소리를 많이 듣게 되었다.

두 아이를 키우던 지난 20여 년간 시험 기간 전후로 스스로 목숨을 버렸다는 아이들 소식을 수없이 들었다. 공부 외에는 길을 터주지 않고 경쟁을 부채질하는 환경이니 당연히 예정된 결과이다. 그러나 앞으로도 이런 현상이 지속되거나 확대될 것이다. 입시 변화가 제도를 점점 더 악화시키고 있기 때문이다. 우리나라 경제는 세계 10위 내로 들어선 지 오래

지만, 정신적인 행복의 측면에서는 후진국 수준이다. 정신적인 지표는 거의 항상 뒤에서 선두다. 행복이 삶의 목적이라면 아이들을 키우는 방식부터 바꿔야 한다. 경쟁이 아니라 자신의 마음을 알아채고 마음이 시키는 것을 추구하는 것이 진정한 행복이다. 수백 억을 번다면서 TV를 장식하는 분들의 얼굴에서 행복한 표정을 본 적이 없다. 허무함에 자랑이라도 해야 잠깐 희열을 느낀다고 해야할까.

"난 만약 다시 젊어진다면 애들이랑 같이 독서하고, 아이들 어릴 때 가족 여행 많이 할 거 같아!"

이런 대화는 아이들을 다 키우고 50이 넘어서 자주 하는 대화다. 아이들의 공부는 아이들 인생의 1막 1장이었다. 1막 1장을 지나 부모와 다정하게 지내는 자녀도 있지만, 서먹서먹하거나 관계가 많이 벌어져 있는 경우가 많다. 1막에서 어떤 이유로든 살갑게 지내지 못했던 것의 결과다. 신기한 점은 "내가 어떻게 해야 아이들이…?"라고 질문하시는 분들은 주로 자녀와 친하게 지낸다. 하지만 "애가 이렇게 해야 하는데 왜…?"라고 습관처럼 말하시는 분들의 자녀 이야기를 들어 보면 부모님의 요구 때문에 너무나 힘들다고 한다. 부모님을 떠나고 싶어 한다.

얼마 전 시아버님이 병환으로 세상을 떠나셨고, 작별을 하면서 2시간

만에 한 줌의 재로 변하는 모습을 지켜봤다. 늘 들었던 얘기와는 달리 눈으로 보고 나니 100년도 안 되는 짧은 시간이 그저 스쳐지나가는 바람과 같이 느껴졌다. 그저 오늘 감사하며 사랑하며 행복하자고 다시 한 번 마음을 다지는 계기가 되었다.

아이들이 입시를 치르기까지 20년은 길기도 하지만 순식간에 지난다. 그 다음 바로 부모는 인생의 2막으로 진입한다. 만감이 교차하는 격동의 시간을 보내게 된다. 이때 부모들은 아이들과 가까이 지내고 싶어하지만, 가까이 있고 말고는 자녀의 마음에 달려 있다. 1막 1장에서 아이들의 마음을 보살펴서 상처가 없어야 부모의 2막에 아이들이 웃으며 등장한다. 대학이 명문이냐 아니냐보다 서로 아끼고 사랑하느냐가 우리의 2막의 행복을 결정할 것이다. 독서로 아이들의 1막 1장을 즐거운 기억으로 장식하자. 그 기억을 평생 떠올리면서 행복한 인생을 살게 될 것이다.

강남에서 학원을 운영한다는 한 원장님은 복잡한 입시제도는 근본적으로 사교육을 먹여 살린다고 하셨다. 매년 수능 시험의 형식을 바꿔주기도 하고, 대학도 매년 전형 방법을 수정해주니 먹고 사는 데 도움이 많이 되지만 솔직히 자라는 아이들에게는 독약과 같은 세상이라고 고백한 적이 있다. 그분의 고백은 우리 세대의 양심에서 우러나오는 소리라 생각했다.

독서의 힘을 믿고 가정과 사회와 학교가 독서를 끌어안으면 사교육 시장은 서서히 물러날 준비를 할 것이다. 교육 제도가 독서를 끌어안을 때까지 어른들이 독서를 중심에 세우려는 문화 운동에 동참해야 한다. 역사에서 배운 사실은 위기와 불만이 극에 달할 때 언제나 먼저 나라를 생각한 것은 백성이었다는 것이다. 이렇게 모순된 교육 앞에 스스로 행복하게 살 궁리도 해야 하지만, 자손 세대들이 행복하게 살 이 땅에 우리 세대가 집단 지성을 발휘하여 뭔가를 해야 하지 않을까.

요즘 우리나라 젊은이들이 결혼을 하고 싶지 않고 아이를 낳고 싶지 않은 정도가 세계에서 가장 강하다. 결혼이 좋아 보이지 않았고, 아이를 키우는 과정이 행복해 보이지 않아서가 아닐까. 아이들을 행복으로 이끌기 위해 공부라는 잣대로 몰아가기 전에 아이들의 얼굴에 오늘도 웃음꽃이 피어있는지 각성 또 각성하자.

있는 그대로의 나를 인정해 주고 아껴 주고

응원해 준 남편에게 큰 감사를 표한다.

2년 내내 답답한 글솜씨에 툴툴거리는 엄마를

따뜻하게 응원해 준 첫째,

바쁜 생활 속에 기꺼이 시간 내서

표지를 그려 준 둘째에게도 사랑을 전한다.